尚锦烘焙系列

抹茶君来了

至爱抹茶冰点、果子

李湘庭 著

中国纺织出版社

抹茶 1

饮品和冰点

目 录

抹茶 2

点心坊

上天赐予的美妙产物——茶

中国是世界上最早发现茶及食用茶的区域，相传神农氏在尝百草时中了七十二毒，遇茶而解，才发现茶的治疗效用。中国最早记载茶的文献，是距今约2000年的西汉文人王褒所写的辞赋《僮约》，讲述文人要书僮为他"武阳买茶"（古代的"荼"即是指茶），从文章中可以得知当时的文人、士大夫们已经开始有喝茶的喜好；到了唐代，第一本关于茶的专书《茶经》诞生，内容记载了茶的制造过程以及选茶、煮茶等方法，全方位地讲述茶，将茶从生活层面提升到了文化及艺术层面，从中也可以看出当时饮茶之风的盛行，直接影响到日本的茶文化的发展。

日本的茶道文化

日本人从何时开始喝茶呢？最早可溯源至中国唐朝，日本正值奈良时代，向中国派遣的唐使带回了众多物件，其中一项即是茶，不过初期茶叶在日本多作为药材使用，直到数个世纪后的室町时代，茶道宗师千利休开创了日本现今的茶道。

早在日本奈良时期已经有所谓的《行茶的礼仪》的文献记载，这也是日本最早出现茶的文字记录。当时的遣唐使带回了茶和《茶经》，使日本人有了栽种茶树的想法。到了平安时代，贵族和僧人饮茶变为一种风气，中途虽曾一度衰落，但到了镰仓时代初期，从宋朝回到日本的荣西禅师带了粉末状的茶叶及碾茶法，并写下了《喫茶养生记》一书，讲述茶叶的种植、加工及饮茶法，再伴随着日本本地的茶树栽种技术的成熟，于是，有了制作碾茶的技术以及宋朝的点茶及品评茶汤的制度，为日本茶道奠定了基础；后来发展到室町时代，饮茶在武士间广为流传，公卿及幕府里都设有专人奉茶。当时日本受到宋朝斗茶风气的影响，贵族和平民间流行以制作抹茶比较手艺高下的游戏（主要看汤色、汤花和茶味），贵族举办的称茶数寄、平民的则称茶寄合，直到足利义政幕府的茶人村田珠光，吸收了僧院的朴素淡泊的茶礼，一改饮茶作乐的风气，将茶社转变为结合茶与禅，成为朴质、淡泊、修养身心的社交场所。

从娱乐性质的茶寄合转变为一期一会的茶会，受村田珠光、千利休两位重要茶人的思想及行动的影响，在16世纪末，日本终于建立起独树一帜的茶道文化。

抹茶和茶道的关系

日本在奈良时代开始用茶叶，但在日本本地开始栽种茶树，文献记载最早可追溯至平安时代，日本僧侣永忠从中国带回了茶树的栽种经验及种子，因为献茶后天皇十分喜欢其茶叶，下令全国开始种植茶树，开启日本种茶之先河。多年后，日本本地的茶树种植逐渐成熟，但仍使用片状的茶叶，时至镰仓时代，僧人荣西从宋朝带回末茶（碾成粉末状的茶叶），文献记载："茶有末茶，有叶茶……唐宋用茶，皆为细末，制为饼片，临用而辗之……"，当时荣西带回日本的末茶，因语音上的变异，即是今日我们说的抹茶，而碾茶法在日本也称为抹茶法。

日本茶道的发展

镰仓时代的贵族及武士间才流行饮茶，一直到室町时代，喝茶的风气广为盛行，路上也可见施茶字样，而首府所在的京都近郊产茶的茶园也越来越多，栂尾、宇治、仁和寺、醍醐都是当时最早开始产茶的地区。这样的情况发展到公元15世纪至16世纪，日本人的饮茶习惯已脱离中国的习惯而发展出自己的茶道了。

荣西从宋朝还带回了当时流行在中国的饮茶法——"点茶"。"点茶"即日本茶道的前身，是将茶粉放入茶盏中，加入热开水用茶筅搅拌，让茶末和水混合成茶液，搅拌直到表面浮有白色泡泡，古代诗词说道："白乳浮盏面，如殊星淡月"指的即是点茶。而宋代文人以表面泡沫的优劣作为竞赛娱乐，称为斗茶。

日本的斗茶在14世纪开始衰退，被逐渐成形的茶道所举行的茶会取代，参与其中的人士都怀着一生只见一次的心情对待彼此，茶会中，众人共同饮用一杯浓茶，分享当下的无常人生，珍重每时每刻。

我们常说的抹茶，原意应是指将绿茶茶树的茶叶磨成茶粉的一种饮用方式。抹茶的茶树和作为煎茶或玉露茶的茶树不同，其风味也不一样，由于品质好、量少单价高，多被用在茶道中；但近年来，由玉露茶或较低层的茶树叶子大量制成的粉末也被称为抹茶或绿茶粉，不过色泽、香气及颗粒大小皆和正宗抹茶不同，主要被使用在甜品或加工品上。

日本茶道的发展变化	
奈良时代	茶叶从中国传至日本
平安时代	日本开始栽种茶树
镰仓时代	碾茶法及斗茶传入日本，影响日本茶道
室町时代	日本茶道创立

抹茶对日本人来说，是一种源自传统文化的精神和风味。抹茶运用在各式甜点或料理上，已经是司空见惯的事；但在我国，抹茶代表一种潮流和创意，是流行的口味和独特享受，也需要时间让消费者体验和接受。

抹茶粉怎么来的

抹茶的原料是绿茶茶叶，当时在抹茶产地宇治因为霜害严重，所以在采摘前2周左右，会在茶树上搭起棚架，将稻草做的帘子覆盖茶树使其不透光，一来防止霜害，二来减少日照，可增加其叶绿素和氨基酸的含量，因此抹茶的营养价值比一般绿茶高，这样的抹茶制作方法一直延用到今日。经覆盖后采摘下来的茶叶，用蒸汽杀青后烘干，放入冷冻库保存，增加其甜度，之后取出加工并切割成小块的碾茶，再以石磨磨成极细的粉末，即是我们所说的抹茶粉。抹茶也有等级之分，采摘时，只取上半部一芯二叶或一芯三叶的是最高级的抹茶，次之则采用一芯四叶或五叶。

石磨是制作抹茶不可或缺的器具，它可研磨出极细的粉末，让粉末漂浮于水上而不沉淀，茶色鲜绿；非石磨制作的抹茶粉则久置会沉淀。从整个抹茶的制作过程中我们可以得知，制作抹茶粉所需的条件极高，而目前世界上除了日本之外，尚未有其他国家出产正统的抹茶粉，我国台湾地区的抹茶粉则是用机器研磨的，颗粒粗大，应该称之为绿茶粉。

浓茶和薄茶的制作方法

日本茶道的技法及规则十分繁琐，在此我们示范的是一般日本家庭中制作抹茶时的简化方法。而制作浓茶和薄茶的热水，温度以80℃为宜，若使用90℃以上的热水，有损抹茶的风味。

◀基本器具

茶罐：专门储存茶叶的罐子，以不透光者为佳。

茶碗：用来制作抹茶，让茶筅顺利在里面刷动及饮用的碗。

茶筅：用来混匀抹茶粉及热水的刷子。

浓茶的制作

这是自古流传下来的在茶会上使用的正统抹茶，用大量的抹茶粉兑少量的水，使用茶筅来刷动，饮用时，众人一人一口，轮流共饮一碗。浓茶的味道厚重，所以采用的抹茶大多使用最高级的品种，才不会过于苦涩，所以有标示"浓茶用"的抹茶粉，通常也较昂贵。由于是多数人一起饮用，只会在非常正式的场合出现。

做法

1 取抹茶粉8~10克，倒入茶碗中。

2 先倒入少许热水（80℃）。

3 将茶筅慢慢绕圆，拌匀。

4 再倒入约60~80毫升的热水（80℃），一手拿茶筅，一手扶住茶碗，以画W的方式混匀抹茶粉和热水。

5 刷至茶色呈光亮滑顺后即可饮用。

薄茶的制作

茶会中常见的薄茶，是一人一碗享用，也是一般茶店、甜点店或家中可饮用到的抹茶饮品。

做法

1 取抹茶粉3克倒入茶碗中。

2 倒入150毫升的热水（80℃）。

3 一手拿茶筅，一手扶住茶碗，以画W的方式打发抹茶粉和热水（注：打发是指使表面产生泡沫）。

4 打发至当茶汤出现均匀的泡沫后，用茶筅画一个"之"字把泡泡拉起，即可饮用。

制作甜点用的抹茶粉

专门使用在茶道中的抹茶粉是可以直接用来制作甜点的原料，不过由于成本昂贵，所以近年也有不少茶商，采摘一芯四叶或一芯五叶的茶叶作为甜点用的抹茶粉原料，其价格较亲民，但色泽没那么翠绿、粉末颗粒较大、涩味较明显，但是搭配砂糖制作时仍有抹茶淡雅的香气。

一芯五叶，甜点或抹茶饮品中使用的抹茶粉，色泽偏黄绿。

一芯三叶，茶道中使用的抹茶粉，色泽较翠绿。

白玉圣代抹茶

弹力十足的白玉丸子佐以香浓的黄豆粉及黑糖蜜，配上香滑沁凉的抹茶冰激凌，传统的搭配令人印象深刻。

抹茶冰沙漂浮圣代

以抹茶冰沙当底，再挤上以意式冰激凌Gelato为基底的香滑沁凉抹茶风味冰激凌，感受满满的茶香和美丽的层次。

抹茶冰拿铁

健康的抹茶加上新鲜牛奶，口感滑顺且有芬芳的茶香，是身体健康与味蕾满足的双重享受。

抹茶冰沙

日系绵密口感的抹茶风味冰沙，茶香风味四溢却不苦涩，是品尝纯正抹茶风味的沁凉首选。

宇治金时冰沙

夏天的人气甜品，刨冰上淋上满满的抹茶粉制作的茶蜜及炼乳，放上一大匙甜而不腻的红豆泥，再配上分量感十足的白玉丸子，夏日消暑必备。

金时冰激凌

底层放了特制宇治煎茶茶冻，滑溜的口感配上香纯浓郁抹茶冰激凌，再搭配上甜而不腻的蜜红豆，浓郁又甜蜜的沁凉选择。

宇治金时冻饮

浓浓抹茶香当茶基底，挤上不油不腻的雪白鲜奶油，再加上红豆和抹茶冻的无敌搭配，用料相当丰富，口感也很多元。

抹茶红豆甜汤

冬天最适合来碗热乎乎的抹茶红豆甜汤，日本传统做法，采用日本海带条，咸香口味，可综合红豆的甜味，最后再配上一杯宇治煎茶享用，给你一个温暖的冬天。

宇治金时

采用日本原装进口顶级宇治抹茶粉，纯手工制作的抹茶冰激凌，再加上弹性十足的白玉丸子、茶香淡雅的抹茶冻，佐以红豆，再撒上玄米粒，没有添加人工香料、色素，是日式甜品中的人气第一名。

宇治金时是什么呢？

宇治指的是京都府最有名的绿茶——宇治茶，金时指的是红豆，在日本红豆又称为金时豆，宇治金时指的是以最高级的抹茶粉作为糖浆，淋在刨冰上，再搭配红豆享用的抹茶红豆刨冰。演变到今天，宇治金时已经成为日本刨冰中的代表甜点，除了抹茶和红豆的材料不容改变外，又添加了其他配料，像抹茶冰激凌、白玉丸子（麻薯）、炼乳、抹茶冻等，口感丰富又不会彼此干扰，堪称最受大众喜爱的冰品。

和风氛围的日式甜点下午茶

日本的甜点可分为洋果子与和果子，洋果子是指西式的蛋糕，和果子则是日本传统甜点，主要以豆沙馅为主。和果子又可分为含水量多的生果子，以及含水量少的干果子。和果子的发展和茶道有密切的关系，在喝完薄茶后吃个干果子，或品尝完浓茶后来颗生果子，可以带出抹茶的甘甜味。基本上，生果子适合搭配浓茶享用，干果子除了浓茶不宜外，薄茶、煎茶、玄米茶等，任何茶类都适合。传统的日式下午茶在享用时要注意下列原则，而从这些小细节也能看出日本人在礼仪方面特别讲究。

1 饮料和甜点的摆放，甜点在左边，饮料在右边，若有湿纸巾或餐巾，则放在最右边。

2 茶只能注入茶杯约七分满，茶杯上若有花纹，花纹要正对坐者。

3 羊羹和生果子要附上餐具，干果子可以不附。

日本人一般在家中也很少自己制作浓茶或薄茶饮用，年轻人对于茶道的认识，往往也是从学校的茶道社中开始的。抹茶粉加入牛奶做成抹茶欧蕾，或是把抹茶加入甜点中，则是常见的日常饮食。

基本材料

鸡蛋·黄油·细砂糖

鸡蛋：经快速搅拌会改变蛋白质的组织结构，有起泡胀发的作用，添加于面糊中，再经过烘烤，使成品膨松。

黄油：是从牛奶中提炼出来的油脂，又可分为有盐黄油及无盐黄油两种，本书使用的皆为无盐黄油。

细砂糖：是点心甜味的来源，颜色白亮、甜度高，遇水即溶化。

牛奶·鲜奶油

牛奶：分全脂、低脂及脱脂三种，通常使用的是全脂牛奶，必须冷藏保存。

鲜奶油：有植物性及动物性两种，植物性鲜奶油是人造的，有糖；动物性鲜奶油是从牛奶中提炼出来的，不含糖，用来制作各种甜点，能增加润滑的口感。

抹茶粉·面粉

抹茶粉：抹茶的原料是绿茶茶叶，利用石磨研磨出极细的粉末。

面粉：是由小麦加工而成的产品，遇水会形成有弹性和韧性的面团。根据蛋白质含量的多少又分为低筋面粉、中筋面粉、高筋面粉三种，低筋面粉适用于饼干、蛋糕等不需要筋度的点心。

泡打粉·小苏打粉

泡打粉：中性，遇水和高温时，会产生二氧化碳使产品膨大，进而形成松软的组织。

小苏打粉：是膨大剂的一种，为碱性材料，适量添加可促进发酵，使成品体积膨胀变大，并有增色效果，若添加过量会使成品产生碱味，破坏点心的味道与色泽。

抹茶粉的选择

下面介绍几款制作饮品及甜点使用的抹茶粉，作为参考。

宇治森德宇治抹茶入绿茶（130克）

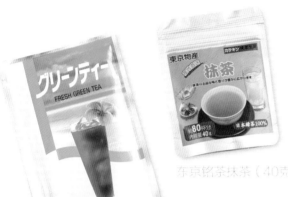

东京铭茶抹茶（40克）

干茶庄绿茶（150克）

京都宇治本店售卖的高级抹茶粉，采用宇治产地的绿茶，能够同时品尝到甘醇的微苦味，可以作为浓茶使用。

MT抹茶粉罐（180克）

抹茶粉的保存方式

● 放入茶罐中保存：避光、密封性好，也能隔绝其他味道的污染，是最安全的保存方式，开封后最好在1个月内使用完毕。

● 放入冰箱冷藏保存：若偶尔才会使用到抹茶粉，则可以密封后冷藏保存，但经常性地取出使用，会因温度的改变而影响风味，所以是万不得已才使用的保存方法。

基本工具

秤

有传统秤与电子秤两种，多用来秤取分量较多的固体材料，建议购买可归零的电子秤，更方便使用，不仅可秤量1~2克的小分量，而且也比较精准。

滤网、筛网

滤网：可用来将红薯等材料压滤成泥状。

筛网：可过滤布丁液、蛋液或过筛粉类以避免与其他材料混合搅拌时结块，也可在成品上装饰糖粉、可可粉等。

手动打蛋器、电动打蛋器

手动打蛋器：最常用的搅拌器具。

电动打蛋器：分为手提式和座式两种打蛋器，在打发拌匀上较为省力省时，也有不同转速的设定。建议手动打蛋器及电动打蛋器都准备，让简单的拌匀或需快速搅拌时，都能得心应手。

料理盆

搅拌混合材料时使用的容器，有不锈钢及玻璃两种材质，不锈钢材质较耐用，建议准备2个大小尺寸不同的料理盆，方便部分材料需隔水加热融化或混拌时使用。

平烤盘、凉架

平烤盘：一般用来烤没有模型盛装的产品，如饼干和其他松饼、泡芙等产品，通常会铺上防粘布或烘焙纸使用。

凉架：用来放置烤好的点心，让点心可以风干冷却。

烘焙纸、防粘布、保鲜膜

烘焙纸、防粘布：烘焙纸可裁剪、隔离模具与面糊，烘烤后容易脱模，模具也较容易清洗，用完后可直接丢弃；而防粘布可重复使用，有单张式也有卷式。

保鲜膜：面团进行冷藏饧发时，可用来包裹或封住，以保留面团的风味与水分，亦可用塑料袋代替。

使用重点

烤箱应事先预热

烤箱必须在制作点心之前，先调整至所需要的温度进行预热，才能在面糊或面团放入烤箱时即立刻烤焙，也才能开始计算烘烤时间。

粉类使用前要过筛

空气中的潮气会使面粉结块，筋度越低的越明显。使用前请先过筛，去除结块颗粒，搅拌时才不会发生拌不匀的情况。

材料须事先在室温中回温

预先将鸡蛋、黄油等需要冷藏的材料取出，放置在室温中。通常在使用之前的20分钟左右拿出来为佳。若鸡蛋刚从冰箱拿出来，因温度较低，会延长搅拌时间；黄油、奶油奶酪则是用手指按压会立即凹陷，就可以使用了。

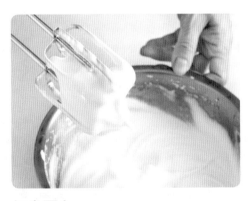

打发蛋白

蛋白经过打蛋器的搅打后，可以将空气打入蛋白内，使体积膨松变大，变成白皙细致的泡沫，再混合其他材料做成点心，能让成品具有膨松的口感，这就是打发蛋白的效果。利用打蛋器按顺时针或逆时针方向搅打皆可，越新鲜的蛋黏度越高，越容易起泡成形。加糖搅打可使蛋白糊细致而稳定，但必须分2~3次加入，若一次加入会延长打发时间，组织也会过于稠密，打发后需立即使用以免消泡。制作时，所取用的蛋白不能有杂质，使用的容器也必须是干净、无水、无油的容器，否则是无法将蛋白打发成功的。

吉利丁片的使用方式

吉利丁片是从动物的骨头中提炼出来的胶质，也称为明胶片，需先泡入水中软化后才能取出使用，因此水的温度若为温热状态，吉利丁片会较容易溶化，造成取出的困难，尤其是在夏季，因此以冰水泡软吉利片为佳。软化后的吉利丁片沥干水分，再隔水加热溶解，不宜温度过高，否则会破坏了胶原蛋白甚至产生臭味。

抹茶1

饮品和冰点

热抹茶拿铁

【 材料 】

抹茶粉3克、细砂糖15克、牛奶150克

【 做法 】

1 抹茶粉加细砂糖拌匀，备用。

2 牛奶加热至60℃，先倒入1/2的分量至做法1中拌匀，备用。

3 剩余1/2分量的牛奶用电动奶泡器打至起泡后倒入做法2中，表面再用竹扦画拉出图案即可。

冰香草抹茶拿铁

【 材料 】

抹茶粉5克、热水30克、冰牛奶250克
细砂糖15克、香草冰激凌2小球
动物性鲜奶油30克

【 做法 】

1 抹茶粉加热水拌匀，再加入冰牛奶、细砂糖拌匀后倒入杯中，备用。

2 香草冰激凌和动物性鲜奶油一起使用电动奶泡器打至起泡后，再倒入做法1中即可。

1杯/300毫升

黑糖抹茶冰拿铁

【材料】

抹茶粉3克、黑糖20克
热水30克、冰牛奶180克
动物性鲜奶油100克
细砂糖10克、黑糖蜜少许

【做法】

1　抹茶粉加黑糖拌匀后，加入热水拌匀，加入冰牛奶拌匀，备用。

2　动物性鲜奶油、细砂糖放入容器中，用电动打蛋器打发（呈不流动状态）后装入裱花袋中，挤在做法1上面，淋入黑糖蜜即可。

1杯／300毫升

原味鲜奶油抹茶拿铁

【材料】

抹茶粉3克、细砂糖15克
热水15克、冰牛奶180克
动物性鲜奶油100克
细砂糖10克

【做法】

1 抹茶粉加热水拌匀，再加入冰牛奶、细砂糖拌匀后倒入杯中。

2 动物性鲜奶油、细砂糖放入容器中，用电动打蛋器打发（呈不流动状态）后装入裱花袋中，挤在做法1上面即可。

小诀窍

将鲜奶油打发后，挤在抹茶拿铁上面，既可作为装饰又可增加滑顺的口感，也可以在打发的鲜奶油上淋入巧克力酱变化口味。

抹茶芦荟冻饮

1杯／300毫升

【材料】

抹茶粉2克、热水10克
冰开水150克、蜂蜜30克
柠檬汁5克
芦荟果粒100克

【做法】

抹茶粉加热水拌匀，冉加入冰开水、柠檬汁、蜂蜜，拌匀，最后加入芦荟果粒即可。

1杯/300毫升

抹茶苏打

【材料】

抹茶糖浆20克、冰块100克
雪碧汽水200克

【做法】

杯中注入抹茶糖浆，放入冰块后倒入雪碧汽水即可。

抹茶糖浆

材料

水60克、细砂糖120克、抹茶粉3克、热水15克

做法

1 抹茶粉加热水拌匀成抹茶液，备用。

2 水与细砂糖煮滚至糖溶化，再加入抹茶液拌匀即可。

小诀窍

不爱喝甜饮料的话，可以将雪碧汽水替换成苏打水，能降低饮料的甜度。

水果抹茶冰沙

1杯／450毫升

【材料】

抹茶粉2克、热水10克
牛奶120克、果糖30克
冰块300克、水果适量

【做法】

1 抹茶粉加热水拌匀成抹茶液，备用。

2 牛奶、果糖、抹茶液、冰块放入果汁机打成冰沙，取出放入容器中，再摆放水果装饰即可。

1杯／400毫升

抹茶冻

冷藏保存5天 ／ 模具尺寸：15厘米×10厘米×3厘米

【材料】

水400克
细砂糖40克
吉利粉10克
抹茶粉2克
热水10克

【做法】

1 抹茶粉加热水拌匀，备用。

2 吉利粉和糖拌匀后，倒入水中拌匀煮至滚沸，将做法1加入拌匀，即为抹茶浆，倒入模具中冷却后，放入冰箱冷藏即可。食用时切小块。

1杯/450毫升

抹茶炼乳奶霜冻圣代

【材料】

抹茶炼乳奶霜冻适量
红豆泥适量
白色小汤圆5颗
抹茶冻（见P21）适量

【做法】

1 裱花袋装入菊花嘴，再将抹茶炼乳奶霜冻装入裱花袋中，备用。
2 将抹茶冻切成大丁块铺放至杯底，再挤入奶霜冻至满，放上红豆泥及小汤圆即可。

抹茶炼乳奶霜冻　冷藏保存5天

没有冰激凌机也可以在家做出类似冰激凌的奶霜冻，不仅带着绵密与冰凉滑顺的口感，更可以利用裱花袋挤出像冰激凌般的漂亮纹路喔！

材料

动物性鲜奶油240克、炼乳120克、抹茶粉4克、热水15克、吉利丁片5克

做法

1 吉利丁片剪小块用冰水（分量外）泡软，备用。

2 鲜奶油加入炼乳打发至呈浓稠状。

3 抹茶粉加热水拌匀后加入做法2中，拌匀。

4 把泡软的吉利丁沥干水分，隔水加热融化后加入拌匀。

5 倒入容器中，放入冷藏室，至稍硬即可。

小诀窍

◆ 在做法1中，水若为温热状态，放入吉利丁片后则较易融化，很难取出，尤其是在夏季，因此用冰水泡软为佳。

◆ 在做法4中，吉利丁片需要有一点热度才能融化，但也不宜温度过高，否则会破坏了胶原蛋白及产生臭味，因此采用隔水加热的方式较为妥当。

金时抹茶冰激凌

1杯

【材料】

抹茶冰激凌3球
抹茶冻（见P21）适量
蜜红豆少许

【做法】

将抹茶冻切成大丁块，铺放在容器中，再放入抹茶冰激凌，撒入蜜红豆即可。

抹茶冰激凌

材料

细砂糖70克、牛奶100克、动物性鲜奶油100克、蛋黄3个、抹茶粉5克

做法

1 抹茶粉加10克糖拌匀。

2 将牛奶煮沸后，将做法1倒入拌匀至无粉粒状态，备用。

＊将牛奶加热，可为后续加入的蛋黄杀菌。

3 蛋黄加入剩余的60克糖，打至浓稠变成黄白色，备用。

＊搅打时并不一定要按同一方向，只要能打至浓稠状即可。

4 将做法2以边倒入边搅拌的方式加入拌匀。

＊因为材料中有蛋黄，所以拌匀后也可再加温一下。

5 再用隔冰水的方式，略微搅拌降温，备用。

＊因后续要加入打发的鲜奶油，若温度偏高，就容易使打发的鲜奶油融化了，所以需要用隔冰水的方式让材料迅速降温。

6 取鲜奶油打至五分发（呈稍黏稠的状态），分次加入做法5中拌匀。

＊以分次分量的方式将打发的鲜奶油慢慢拌匀，冰激凌的滑顺度才会更佳。

7 倒入模具中抹平，放入冷冻室，每小时拿出来重新用汤匙搅拌压实1次，重复3次即可。

＊搅拌压实的工序可视冰激凌的凝结程度来决定次数，因此请自行酌量增减次数。

抹茶水果圣代

1杯

【材料】

抹茶冻（见P21）适量
原味炼乳奶霜冻适量
玉米脆片少许、抹茶冰激凌
（见P25）2球
樱桃1颗、香蕉1片、脆笛
酥1根

【做法】

将抹茶冻切成大丁块状铺放至杯中，挤入炼乳奶霜冻后，依次放入玉米脆片、抹茶冰激凌，再放上香蕉、樱桃及脆笛酥即可。

原味炼乳奶霜冻

和P23"抹茶炼乳奶霜冻"的制作方式相同，只是不加入抹茶粉，就成为原味炼乳奶霜冻了。

材料

动物性鲜奶油120克、炼乳50克
吉利丁片3克

做法

1 吉利丁片剪小块用冰水（分量外）泡软，备用。

2 鲜奶油加炼乳打发至呈浓稠状态。

3 把泡软的吉利丁沥干水分，隔水加热融化后加入做法2拌匀。

4 倒入容器中，放入冷藏室至稍硬状态即可。

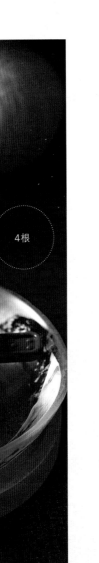

抹茶奶冻雪糕

4根

【材料】

牛奶160克
动物性鲜奶油160克
细砂糖60克、抹茶粉5克
玉米粉10克、蜜红豆适量

【做法】

1 将糖、抹茶粉、玉米粉拌匀，再把牛奶、鲜奶油倒入搅拌均匀，以小火边煮边搅拌，煮至稠状即可熄火。

2 稍微放凉后倒入冰棒模具中，再放入蜜红豆，放入冷冻室冻硬即可。

即做即食

抹茶豆腐奶酪冰

分量/1碗

【材料】

A 抹茶豆腐奶酪：动物性鲜奶油80克、细砂糖30克、吉利丁片4克
   冰水40克、嫩豆腐100克、牛奶100克、抹茶粉2克、热水15克

B 冰块适量、蜜红豆适量、抹茶冻（见P21）适量、抹茶糖浆（见P19）适量

【做法】

前准备

1 吉利丁片剪小块后，放入冰水中泡软，备用。

2 抹茶粉加热水混拌均匀成抹茶糊，备用。

制作抹茶豆腐奶酪

3 动物性鲜奶油加入细砂糖一起煮至糖溶化后熄火。

4 将抹茶糊倒入做法3中拌匀。

5 把泡软的吉利丁沥干水分，加入做法4中拌匀后，倒入果汁机中。

6 再放入嫩豆腐、牛奶，一起搅打成泥状。

7 取出做法6的材料，过筛。

8 再继续倒入模具中约八分满【模具：5厘米×3.5厘米×5厘米，可做8个】。

9 放入冰箱冷藏至凝固，即为抹茶豆腐奶酪。

组合刨冰

10 冰块放入刨冰机，做出刨冰后，依次铺入蜜红豆、抹茶冻、1份抹茶豆腐奶酪，再淋入抹茶糖浆。

成品

冷藏保存/7天

抹茶椰子雪花糕

分量：1盒 ／ 模具：15厘米×10厘米×3厘米

【材料】

牛奶300克

动物性鲜奶油50克

细砂糖60克

玉米粉40克

抹茶粉2克

热水10克

椰子粉适量

【做法】

1 抹茶粉加热水拌匀成抹茶糊，备用。

2 玉米粉加糖拌匀后，倒入牛奶、鲜奶油以小火边加热边搅拌至煮沸。

3 将抹茶糊加入做法2中拌匀，趁热倒入模具中，待凉后放入冰箱冷藏至凝固，再从模具中脱模取出，分切成小块状，均匀地蘸裹上椰子粉即可。

抹茶面包抹酱

抹茶牛奶酱

分量／约200克
冷藏保存／30天

【材料】

动物性鲜奶油200克、牛奶200克
细砂糖70克、抹茶粉2克

【做法】

1　动物性鲜奶油、牛奶、细砂糖一起放入锅中煮沸。

2　改小火搅拌慢煮约30分钟至浓稠状，熄火，加入抹茶粉拌匀即可。

分量／500克
冷藏保存／15天

抹茶黄油酱

【材料】

软化的黄油260克、牛奶90克、蛋黄60克
细砂糖70克、抹茶粉5克、热水20克

【做法】

1　抹茶粉加热水拌匀成抹茶糊，备用。

2　蛋黄加细砂糖拌匀后，倒入牛奶以中火加热煮至85℃后，熄火。

3　继续将抹茶糊加入拌匀，放凉。

4　再分次加入软化的黄油搅拌均匀即可。

小诀窍

◆ 黄油如果刚从冰箱取出会很硬，需先放置于室温中使其软化后再制作抹酱。

◆ 此抹酱可冷藏保存，食用前先放置室温回软即可。

分量／230克
冷藏保存／15天

抹茶蜂蜜乳酪酱

【材料】

奶油奶酪200克、蜂蜜30克、抹茶粉2克

【做法】

奶油奶酪隔水加热拌软，加入蜂蜜拌匀，再将抹茶粉过筛加入拌匀即可。

抹茶黄油布丁酱

【材料】

牛奶200克、细砂糖50克、玉米粉10克
低筋面粉10克、全蛋50克
黄油15克、抹茶粉2克

【做法】

1 低筋面粉、玉米粉一起过筛至钢盆内，再加入细砂糖拌匀后，加入全蛋拌匀。

2 牛奶煮热后慢慢加入做法1中拌匀，再置于火上以中火不停地搅拌至呈浓稠状、有大气泡产生即可熄火。

3 趁热将黄油加入做法2中拌匀，最后加入抹茶粉拌匀即可。

分量／300克
冷藏保存／5天

抹茶 2

点心坊

宇治金时布丁

保罗瓶/8个
冷藏保存/5天

【材料】

动物性鲜奶油280克
牛奶280克、细砂糖80克
冰水80克、吉利丁片8克
抹茶粉4克、热水20克
蜜红豆适量

【做法】

前准备

1 吉利丁片剪小块，放入冰水里泡软。

制作布丁

2 动物性鲜奶油中加入牛奶、细砂糖，以小火加热至糖溶化。

3 抹茶粉加热水拌匀后加入做法2中拌匀。

4 再将吉利丁沥干水分后放入做法3中拌匀成布丁液，熄火，再使用滤网过筛。

冷藏布丁

5 取适量蜜红豆放入瓶中，倒入布丁液放凉后，放入冰箱冷藏凝固即可。

冷藏保存/5天

小诀窍

◆ 双色布丁的制作重点在于，须先等第一层布丁液凝固后再倒入第二层，才能做出层次分明的漂亮布丁。

◆ 倒入布丁液时若出现太多气泡，可用牙签将气泡戳破，这样不会影响口感和视觉效果。

双色椰奶布丁

分量：2个

【材料】

椰奶120克、牛奶80克、细砂糖30克
吉利粉4克、抹茶粉2克、热水10克

【做法】

制作布丁液

1 细砂糖和吉利粉拌匀。

＊吉利粉须先和细砂糖拌匀才能加入水中或牛奶、椰奶等液态材料中加热，不宜直接和液态材料混合，否则易产生结块。

2 倒入牛奶和椰奶拌匀，用中火一边加热一边搅拌均匀，煮热，即为椰奶布丁液。

＊吉利粉须使用"冷"的液态材料拌匀后再进行加热，若先以"热"的液态材料（例如热水）搅拌，会影响凝结效果。

分层的制作

3 再以1：2的比例各自放入容器中。

＊因要做出双色分层效果，故将椰奶布丁液以1/3和2/3的比例分出来，此比例可随个人喜好调整。

4 抹茶粉加热水拌匀后，倒进2/3的布丁液中拌匀，再倒入布丁杯中放凉到稍微凝固。

＊剩下1/3的椰奶布丁液，暂时以隔水加热的方式放置，防止凝固。

冷藏

5 再倒入剩下的椰奶布丁液，待冷却凝结后放入冰箱冷藏即可。

成品

冷藏保存／5天

焦糖抹茶布丁

分量：6个／模具：6厘米×4.5厘米×5.5厘米

【材料】

全蛋100克、蛋黄40克、牛奶340克
细砂糖80克、抹茶粉3克、热水18克

【焦糖液材料】

细砂糖60克、冷水20克、热水15克

【做法】

制作焦糖液

1　取焦糖液材料中的细砂糖，加入冷水摇晃一下平底锅，使细砂糖和冷水混合均匀。

2　再以小火煮成茶褐色后，熄火。

＊加热时如锅边有焦黄，可用毛刷沾水刷一下，否则锅边会变焦黑。

＊开始煮的时候不要搅拌，以防砂糖结晶，等到糖色呈金黄色时，摇晃一下锅子让颜色均匀即可。

3　倒入热水快速搅拌均匀。

＊倒入热水是为了让焦糖降温（煮成茶褐色的焦糖约为115℃，热水低于100℃），否则温度持续上升，焦糖会太黑变苦，如用冷水则会因温差太大而产生大量蒸汽，容易烫伤。

4　马上倒入布丁杯中备用（每杯约5克）。

＊把焦糖液倒入布丁杯时，可利用不锈钢标准量匙量1小匙即为5克。

制作布丁

5 抹茶粉加热水拌匀成抹茶糊。

* 先将抹茶粉和热水拌匀，后续各项材料加入时，才不会凝结出小块状或无法拌匀。

6 全蛋加蛋黄拌匀，再放入细砂糖、牛奶、抹茶糊搅拌均匀。

* 全蛋再加入蛋黄是为了让布丁有浓郁的蛋香味，还可以使口感柔软绵密。

7 将布丁液用滤网过筛2次。

* 布丁液过筛，不仅能过滤出鸡蛋中的杂质，也能使口感更为绵密顺口。

8 倒入做法4的焦糖布丁杯中（布丁液约90克）。

* 使用尖嘴壶会比使用汤匙舀入更为省时省力。

9 杯口再包裹上铝箔纸。

* 包裹铝箔纸是为了避免烤出来的布丁表面干燥或者裂开，而且也能让口感较为滑嫩。

隔水烘烤

10 放入烤盘中，再倒入1/2高度的温水，以上火150℃、下火160℃烤约50分钟至蛋液不会晃动，取出待凉后放入冰箱冷藏，食用前倒扣即可。

* 倒扣布丁时，须先以小抹刀或小刀紧贴杯子壁面划一圈，覆盖上盘子倒扣，摇晃布丁杯即可轻松取出布丁。

成品

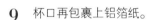

分量／约25颗
冷藏保存／30天

抹茶生巧克力

【 材料 】

动物性鲜奶油50克
白巧克力200克
黄油10克
抹茶粉2克

【 装饰材料 】

抹茶粉适量

【 做法 】

制作抹茶巧克力浆

1 动物性鲜奶油隔水加热至60℃，熄火。

2 倒入白巧克力拌匀。

　＊白巧克力若冷藏状态就加入做法1中，易使温度下降而导致巧克力无法融化，再隔水加热拌融即可。

3 将黄油加入拌匀后，再加入抹茶粉拌匀，即为抹茶巧克力浆。

4 取容器铺入烘焙纸，将抹茶巧克力浆倒入并均匀抹平。

冷藏凝固

5 放入冷藏室至凝固，切块，再裹上抹茶粉即可。

小诀窍

烘焙纸先依容器的大小剪下，再从4个角剪一刀，铺入容器中即可（模具尺寸：10厘米×15厘米×3厘米）。

冷藏保存/5天

抹茶巧克力挞

分量：5个

【材料】

黄油40克、细砂糖15克、牛奶10克、中筋面粉60克、可可粉6克
动物性鲜奶油70克、牛奶巧克力100克、香蕉1根、抹茶粉适量、蛋挞模5个

【做法】

**制作
挞皮面团**

1 黄油放在室温中软化，加细砂糖打发至颜色稍微变白即可。

2 分次加入牛奶拌匀，再将中筋面粉和可可粉一起过筛。

* 牛奶分次加入拌匀才易被材料吸收，并在每次加入后都要充分搅拌均匀，确定牛奶被吸收，再继续加，以免产生水油分离的现象。

3 再用刮刀以切压翻拌的方式混合材料至无干粉的状态。

* 为了不因搅拌过度而使面粉出筋，选择用刮刀来拌匀，让黄油和粉类能充分搅拌均匀。

4 将面团用保鲜膜包裹好并略微整形拍扁，放入冷藏饧发20分钟。

* 为避免面团吸附冰箱的气味和散失水分，可以用保鲜膜或塑料袋包裹好。

* 面团整形成大小、厚度一致，可缓解面团变硬的程度不同（例如：面团外面已变硬，但里面却还是软的）。

均分小挞皮

5 面团冷藏好后取出，均分成每个25克的小面团，放入蛋挞模中，用姆指推压整形均匀。

6 再利用叉子戳出数个小洞，静置15分钟。

*因挞皮材料内含水分，因此当烘烤遇到蒸汽时，挞皮底部即会向上鼓，所以戳出小洞即可避免发生此状况。

烤焙

7 放入烤箱中以上下火180℃烤约15分钟，取出放凉，备用。

填酱

8 动物性鲜奶油隔水加热后熄火，加入牛奶巧克力拌匀融化，即成巧克力酱。

9 香蕉切片后放入挞皮中，再舀入巧克力酱覆盖至满。

10 放入冷藏变硬后取出，用小筛网撒上抹茶粉即可。

*抹茶粉可视个人的喜好来决定分量，整个覆盖住巧克力挞或只筛撒少许装饰皆可。

成品

分量/8个
冷藏保存/3天

【 材料 】

全蛋100克
细砂糖50克
蜂蜜20克
牛奶60克
低筋面粉120克
泡打粉4克
抹茶粉2克
红豆泥240克

【 做法 】

制作抹茶面糊

1 全蛋加细砂糖搅打至颜色变成浅黄白色。

2 将蜂蜜、牛奶混拌均匀，倒入做法1中拌匀。

　＊蜂蜜黏稠，较难与粉类材料拌开，所以先和牛奶拌匀，后续
　　粉类加入时才不会黏结成块状。

3 低筋面粉、泡打粉和抹茶粉一起过筛加入拌匀，即
　为抹茶面糊。

4 平底锅小火加热后，锅中舀入一大匙面糊，使其自
　动摊开成圆形。

　＊若担心面糊粘锅，可先在锅中抹油后再加热，多余的油应使
　　用厨房纸巾擦拭干净，否则铜锣烧表面会颜色不均匀。

夹馅

5 等到开始出现小泡泡时，翻面继续煎至熟，取出放
　凉后，夹入适量的红豆泥即可。

室温保存/2天

抹茶芒果大福

分量：6个

【 材料 】

糯米粉100克、水160克、细砂糖30克、抹茶粉1克
芒果丁6个、红豆泥180克、日本淀粉适量

【 做法 】

均分内馅

1　红豆泥均分成6份，搓圆后压成扁
　　平状，包入芒果丁，搓圆，备用。

＊水果的种类除了芒果之外，只要水分
　不要过多及季节性水果（例如：草
　莓、猕猴桃）皆可放入。

糯米团

2　糯米粉、水、细砂糖、抹茶粉一起
　　混拌均匀。

3　盖上保鲜膜，放入微波炉中微波1
　　分钟，取出略微搅拌后再微波。

＊如果没有微波炉也可以用蒸锅，待蒸
　锅的水沸腾后放入，蒸约20分钟至呈
　浅绿透明状，也可以做出糯米团。

4　直到材料变成糯米团。

组合成大福

5　取塑料袋，放入少许食用油（分量外）略微搓揉，让塑料袋内沾上油分。

＊在塑料袋中搓揉少许油脂，才不会让糯米团整个粘住塑料袋，影响到后续的操作。

6　将糯米团放入袋中，并在袋底一角剪一小洞口。

＊在袋底剪一小洞口，是为了能顺利地挤出6份小糯米团，这样不仅卫生方便，也不粘手。

7　等糯米团略凉不烫手后，挤出6份小糯米团放到日本淀粉上。

8　将小糯米团翻滚均匀，蘸裹淀粉。

＊小糯米团一定要均匀蘸裹上淀粉，才不会包裹内馅时易粘连。

9　用手捏成扁平状，包入内馅。

10　捏塑成圆球状，收口捏紧朝下放置，外皮再蘸裹少许淀粉即可。

成品

日本淀粉
日本淀粉即为熟淀粉，可以直接食用，在超市可购买得到。

抹茶牛轧糖

室温保存/30天

抹茶牛轧糖

分量：约40颗

【材料】

花生200克、水麦芽300克、水60克、盐1克
细砂糖15克、温水30克、意大利蛋白粉30克
黄油50克、奶粉80克、抹茶粉6克

【做法】

前准备

1 黄油隔水加热融化成液态，备用。

＊黄油也可以放入微波炉内加热融化成液态。

2 花生放入烤箱中以150℃烤到金黄香脆（约需10分钟），备用。

＊烘烤时要间隔一段时间就去翻动，以避免花生烘烤不均匀。另外，冬天温度低，烤好的花生可暂放在烤箱中保温，以免快速降温变冷。

制作糖液

3 细砂糖加温水溶化后，放入意大利蛋白粉打发，即为蛋白霜，备用。

4 水麦芽、水、盐全部放入锅中以小火煮到130℃左右，离火。

＊用手挖取水麦芽时，要将手浸泡在水中，让手充满水分，才不易变黏；煮麦芽的火温应视天气情况而定，大冷时火温要低些，天热时火温要高些。

5 迅速将蛋白霜趁热加入搅拌均匀。

＊冬天时，麦芽易遇冷变硬，所以必须趁热时迅速搅拌均匀。

6 再将奶油液慢慢加入拌匀。

7 奶粉、抹茶粉一起过筛后再继续加入拌匀。

＊为避免粉类结块而影响点心的口感，因此将粉类过筛是必要的小细节。

8 取做法2中烤热的花生加入，搅拌均匀。

倒入平盘中
切块

9 倒入铺有防粘布的平盘中，覆盖上一块防粘布后，用手整形压平。

＊整形压平的速度一定要快，一旦降温了，不仅整形压平费力，连分切成块状都费力。

10 待稍冷却后，趁尚有微温时，切成块状即可。

＊切块时，糖温的掌控时机很重要，太热不仅难切块也易粘刀；反之，糖温过低，分切则更费力，因此在微温状态时就要赶紧切块。

成品

小诀窍

花生和奶油液倒入麦芽中，会让麦芽降温变硬而不好搅拌，所以花生和奶油液要放在烤箱中保温。

冷藏保存/5天

抹茶栗子羊羹

分量：1盒／容器尺寸：14厘米×8厘米×9厘米

【材料】

水500克、细砂糖100克、琼脂10克、红薯170克
抹茶粉2克、热开水10克、蜜栗子50克

【做法】

制作
红薯羊羹糊

1　琼脂加入水中煮滚，离火。

2　加入细砂糖及红薯泥拌匀，即为红薯羊羹糊。

＊红薯泥是红薯去皮后，放入锅中蒸熟，再趁热捣碎成泥状。

3　再用筛网以拌压的方式筛入容器。

＊红薯泥因纤维较粗不易拌匀，因此可先利用筛网以拌压的方式筛入，羊羹糊的质地会较为细致绵密。

4　将红薯羊羹糊均分成2份，取其中1份倒入模具中，待凝结，备用。

**制作
抹茶羊羹糊**

5 抹茶粉与热开水拌匀成抹茶糊。

6 再倒入剩下的红薯羊羹糊中拌匀，
即为抹茶羊羹糊。

铺放蜜栗子

7 将蜜栗子切半，放在做法4略微凝
结的红薯羊羹上，稍微压一下。

**倒入
抹茶羊羹糊**

8 再倒入抹茶羊羹糊，放入冰箱冷藏
凝结。

＊羊羹糊若凝固了，可以再加热使其融
化即可。

9 凝结完成后，取出羊羹切块即可。

成品

琼脂

琼脂是由海藻类的红藻所提炼制成的，又有
"植物性吉利丁"之称，呈黄白色透明的条状
或是粉末状，需于热水中加热溶解（100℃），
但有煮越久越软的特性。当温度降至45℃以
下会开始凝结，做出的成品口感较脆硬且不透
明，吃起来较有嚼劲，放置于室温下不溶化。

双色冷冻饼干

室温密封保存/15天

双色冷冻饼干

分量: 18片

【材料】

黄油100克、糖粉70克、全蛋液30克
低筋面粉140克、抹茶粉2克、热水10克
杏仁粒30克、蛋白液适量

【做法】

前准备

1 杏仁粒先泡温水20分钟，再取出沥干水分，备用。

*杏仁粒是较大颗、较硬的坚果，先泡水吸收一些水分，使其和面团软硬度接近，切片时不易掉出来，泡温水会较快，若泡冷水则时间会久一点。

制作饼干面团

2 糖粉过筛后，继续加入软化的黄油打发至浅黄白色。

3 分次加入蛋液拌匀，再将低筋面粉过筛加入拌匀成面团。

4 将面团分成1/3分量和2/3分量。

*因想做抹茶口味，所以将面团以1:2的比例分成2个分量。

5 取杏仁粒放进1/3分量的面团中拌匀，备用。

6 抹茶粉加热水拌匀后，倒入2/3分量面团中拌匀，即成抹茶面团，再均分成2份。

7 将抹茶、原味共3个面团，分别放入袋中，擀成约1厘米厚的面皮，放入冷藏室稍微冰硬。

*取3个塑料袋放入面团后，就能擀平成相同尺寸的面皮了。

*若边角产生气孔，可用牙签戳掉。

*面皮不要冷藏得太硬，否则相叠后一经切割就会散成3块了。

面皮相叠

8 剪开塑料袋取出面皮，以交错相叠的方式将抹茶、原味面皮叠成3层，稍微压紧后用保鲜膜包好。

*面皮与面皮之间要涂抹上蛋白液，以增加面皮间的黏度。

烤焙

9 放入冷冻室冻硬定型后，取出切成片状。

10 再放入烤箱中以180℃烤约20分钟即可。

成品

抹茶小西饼

分量/16片
室温密封保存/15天

【材料】

黄油100克
糖粉70克
全蛋液30克
抹茶粉3克
低筋面粉150克
杏仁粉20克
细砂糖适量
水少许

【做法】

制作饼干面团

1 糖粉过筛，加入黄油打发至浅黄白色。

2 蛋液分次加入拌匀，将低筋面粉、抹茶粉、杏仁粉一起过筛加入拌匀成面团。

＊此面团较干，宜用刮面刀以压拌法拌匀。

3 将面团用保鲜膜整形成圆柱状，表面涂抹少许水。

4 滚裹上细砂糖，用保鲜膜包裹卷紧，冷冻变硬。

＊面团外层蘸裹上细砂糖烘烤，可丰富饼干的口感。

烤焙

5 取出冻硬的面团切成薄片，再以180℃烤约20分钟即可。

分量/24片
室温密封保存/15天

抹茶杏仁薄片

小诀窍

抹茶杏仁薄片为比较薄的饼干，而且蛋白用量较多，黏性强，如果不是使用防粘烤盘，饼干会黏住烤盘不易取下，所以烤盘要铺上防沾布、烤焙纸或抹上一层薄薄的奶油，再撒上一层薄薄的面粉即可。

【 **材料** 】

黄油40克
蛋白60克
全蛋50克
细砂糖80克
低筋面粉50克
抹茶粉2克
盐1克
杏仁片200克

【 **做法** 】

制作饼干面团

1　黄油隔水加热融化成液态。

2　蛋白、全蛋加糖拌匀，再加入盐拌匀。

3　将黄油液加入拌匀，再将低筋面粉、抹茶粉一起过筛拌匀。

4　再将杏仁片加入拌匀，即为面糊。

＊杏仁片务必要能均匀地粘住面糊，才能烘烤一致。

烤焙

5　烤盘铺上防粘布，再用汤匙舀入面糊，摊平，以180℃烤约15分钟即可。

＊面糊摊平的尺寸尽量一致，杏仁片要一片片拨开，不要相叠，否则不易烤熟，影响酥脆的口感和着色程度。

室温密封保存/15天

和风抹茶煎饼

分量：12片

【材料】

黄油25克、细砂糖45克、全蛋液30克、酱油5克
中筋面粉40克、低筋面粉50克、抹茶粉1克、黑芝麻少许

【做法】

**制作
饼干面团**

1 黄油隔水加热融化成液态。

2 蛋液加入细砂糖混拌均匀。

3 倒入做法1的奶油液拌匀后，再倒
入酱油拌匀。

4 中筋面粉、低筋面粉、抹茶粉一起
过筛加入拌匀成面团。

饼干造型

5　将面团装入裱花袋中（使用平口花嘴）。

6　烤盘铺上防粘布，挤出直径约3厘米的面团，覆盖上防粘布，再压成扁圆形面皮。

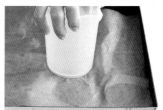

7　放入少许黑芝麻，盖上防粘布。

8　再另取一烤盘压在上面。

＊一般饼干烘烤时，中间会凸起，而煎饼的特色就是要平整，所以才需要压一个烤盘让饼干平整。

烤焙

9　放入烤箱中以180℃烤约15分钟取出，拿掉烤盘和防粘布。

10　再继续放入烤箱中烤15分钟至熟即可。

成品

分量/约30片
室温密封保存/15天

抹茶叶子奶酥饼干

【 材料 】

黄油120克
糖粉50克
盐1克
全蛋液30克
中筋面粉150克
奶粉10克
抹茶粉2克

【 做法 】

制作饼干面团

1 黄油放入钢盆中，再将盐、糖粉过筛加入，打发至浅黄色。

2 将蛋液分次加入做法1中拌匀。

3 继续将中筋面粉、奶粉、抹茶粉一起过筛加入拌匀。

挤出叶子造形

4 将做法3材料装入裱花袋（使用叶形花嘴），挤出叶片形状。

＊叶形花嘴需尖端朝上才能拉出叶片状。

烤焙

5 放入烤箱中以180℃烤约15分钟即可。

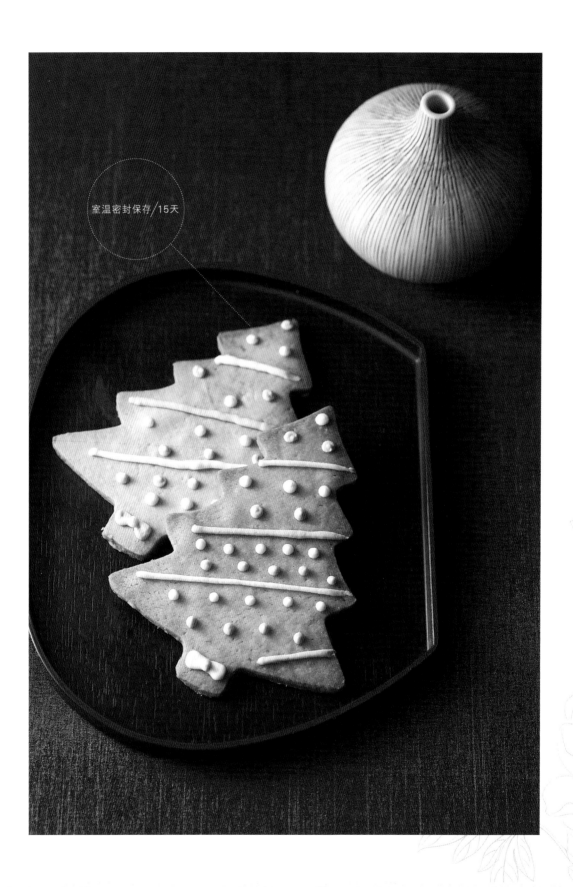

室温密封保存/15天

圣诞造型饼干

分量：6片

【材料】

黄油50克、糖粉40克、全蛋液30克、中筋面粉130克
抹茶粉2克、黄色糖霜、粉红色糖霜各适量

【做法】

制作
饼干面团

1 糖粉过筛，加入黄油中打发至呈浅黄色。

2 蛋液分次加入做法1中拌匀。

3 中筋面粉、抹茶粉一起过筛加入拌匀成面团。

4 将面团放入塑料袋中，擀成约0.5厘米厚的面皮，放入冷冻室冻硬。

饼干造型	5	取出面团，剪开塑料袋，用圣诞树饼干压模压出造型面皮。	
烤焙	6	放入烤箱中，以180℃烤约20分钟至金黄色，取出。	
绘图	7	取黄色和粉红色糖霜间隔画出斜线，再画出圆点，最后取粉红色糖霜画出蝴蝶结图样即可。	

*画上糖霜的饼干需放置室温，待糖霜变硬才可以包装。

成品

糖霜

材料

意大利蛋白粉15克、糖粉100克、凉开水15克、黄色食用色膏、红色食用色膏各少许

做法

1 糖粉过筛后，加入蛋白粉。

2 再倒入凉开水用电动打蛋器打发成糖霜。

3 将糖霜分成2份，用牙签蘸少许色膏调匀成黄色糖霜和粉红色糖霜，装入三明治袋中，袋角剪一小孔即可使用。

分量/13根
室温密封保存/15天

抹茶牛奶棒

【材料】
黄油35克
糖粉45克
全蛋液30克
中筋面粉130克
奶粉30克
泡打粉1克
抹茶粉2克

【做法】

制作饼干面团

1 糖粉过筛，加入黄油打发至浅黄色。

2 蛋液分次加入做法1中拌匀。

3 中筋面粉、奶粉、泡打粉、抹茶粉一起过筛加入，拌匀成面团。

　＊因面团较干硬，粉类拌匀后，可使用塑料袋用手压拌成团。

4 将面团放入塑料袋中，擀成约1厘米厚度的面皮。

＊面团放入塑料袋中，除了避免吸附冰箱内的气味及水分散失外，也方便擀平成面皮。

　＊面皮的厚度要一致，尤其是四个边角的厚度。

烤焙

5 放入冰箱冷冻变硬后，取出切成条状，放入烤箱中以160℃烤约20分钟即可。

冷藏保存／3天
冷冻保存／7天

抹茶泡芙

分量：12个

【材料】

水110克、食用油60克、盐2克、高筋面粉85克
全蛋液150克、抹茶粉1克、抹茶布丁馅适量

【做法】

制作面糊

1 水加食用油、盐一起煮沸，熄火。

2 高筋面粉过筛加入做法1中。

3 以小火边煮边搅拌至糊化（约搅拌60下）。

  ＊糊化是一种油、水、面粉完全结合且胶化完成的状态，面糊和盆会呈现出分离不粘黏的状态。

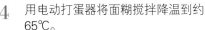

4 用电动打蛋器将面糊搅拌降温到约65℃。

5 取蛋液依需要分次加入拌匀。

  ＊蛋液是为了调节面糊的稀稠度，所以须以分次逐渐倒入的方式加入面糊中拌匀，不一定要将全部分量的蛋液使用完毕。

6 拌匀至面糊拉起呈倒三角形即可。

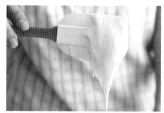

挤小面糊

7 将面糊分成2份，取其中1份面糊加入抹茶粉拌匀成抹茶面糊。

8 再将原味面糊、抹茶面糊分别装入裱花袋中(使用平口花嘴)。

9 烤盘铺上防粘布，将两种面糊各挤出6个小面糊于烤盘上。

烤焙

10 再于面糊表面上喷水。

11 放入烤箱中，以上火200℃、下火190℃烤约25分钟，烤至金黄色即可出炉。

填馅　**12**　放凉后切开顶部。

13　填入抹茶布丁馅即可。

成品

原味奶油布丁馅 + 抹茶布丁馅

材料

牛奶200克、细砂糖50克、玉米粉10克、低筋面粉10克
全蛋液50克、黄油15克、抹茶粉2克

做法

1 低筋面粉、玉米粉一起过筛至钢盆内，加入细砂糖拌匀，再加入鸡蛋拌匀。

2 牛奶煮热后慢慢加入做法1中拌匀，再置于炉火上，以中火不停地搅拌至呈浓稠状、有大气泡产生即可熄火。

3 趁热将黄油加入做法2中拌匀即可。

4 把馅料分成2份，1份为原味黄油布丁馅，另1份加入抹茶粉拌匀即为抹茶布丁馅。
＊将馅料分成2份，即可享用到原味和抹茶两种不同的口味。

室温密封保存／15天

抹茶核桃饼干

分量：12片

【材料】

黄油50克、细砂糖40克、全蛋液30克、低筋面粉80克
抹茶粉1克、牛奶15克、核桃40克

【做法】

前准备

1 核桃以150℃烤约10分钟，取出放凉，略剪成小块状，备用。

　　＊核果先烤香，其香气才会足够，口感也会较脆，烤制时间长短应视核桃的数量调整。

　　＊核桃含有油脂，若以擀面杖碾压则会造成出油现象，因此使用料理剪刀或刀子切碎会更好。

制作
饼干面团

2 黄油加细砂糖打至松发呈浅黄色。

3 蛋液分次加入做法2中拌匀。

4 再将低筋面粉和抹茶粉一起过筛混拌均匀。

5 加入牛奶拌匀。

＊牛奶如果在面粉之后才加入，只要轻轻拌匀即可，分次加入拌匀反而容易出筋。

6 再放入核桃拌匀成湿黏状的面团。

饼干造型

7 将面团装入裱花袋中（使用平口花嘴），在烤盘中挤出适量小面团。

8 手指蘸上水，再将小面团压扁。

烤焙

9 放入烤箱中以180℃烤约20分钟，取出即可。

成品

74

分量／16个
室温密封保存／15天

【材料】

黄油70克
糖粉25克
蛋黄20克
奶粉15克
杏仁粉15克
低筋面粉100克
抹茶粉2克
防潮糖粉适量

【做法】

制作饼干面团

1 黄油放入容器中，加入过筛的糖粉打发至浅黄色。

2 蛋黄分次加入做法1中拌匀。

3 奶粉、杏仁粉、低筋面粉、抹茶粉一起过筛，加入
做法2拌匀成面团。

4 再分割成每个15克的小面团，滚圆后排入烤盘中。

＊夏天的面团如会黏手，可先放冰箱冷藏约15分钟再分割。

烤焙

5 放入烤箱中以170℃烤约20分钟，取出稍微放凉，
再筛撒上防潮糖粉即可。

＊饼干若放置到完全放凉才筛撒糖粉，会不易附着。

冷藏保存／7天

抹茶马卡龙

分量：30个 / 直径3~3.5厘米

【材料】

蛋白55克、细砂糖55克、杏仁粉60克
糖粉80克、抹茶粉3克

【做法】

粉类过筛

1　糖粉和抹茶粉一起过筛。

2　继续筛入杏仁粉后，再过筛两次，
　备用。

　＊选择孔略微粗一些的筛网，才易筛入
　　杏仁粉，并且将筛过的粉类再过筛2
　　次，这样粉的质地会较为细腻。

蛋白打发

3　蛋白用电动打蛋器搅打至呈细腻的
　泡沫状。

4　先加入1/3分量的细砂糖继续搅打
　均匀，再分2次加入糖，搅打至硬
　性发泡，即为蛋白霜。

　＊分次加入少量的糖较容易混拌均匀，
　　也不易使蛋白消泡。

　＊硬性发泡是将打蛋器往上拿起时，蛋
　　白霜呈现竖起而不会滴落的状态。

饼干面糊

5 取蛋白霜分次加入做法2中，用压拌法拌匀，至稍有流动性的无干粉状态。

6 将烤盘铺上硅胶垫，把面糊装入裱花袋中（使用平口花嘴）。

7 在烤盘上挤出大小一致的小面糊。

＊挤完面糊后可将烤盘轻敲一下，使面糊中的空气能跑出来。

烤焙

8 将挤好的面糊静置至面糊表面干燥结皮。

＊可用手指轻触面糊表面，若手指粘上面糊则表示尚未干燥结皮。

9 再放入烤箱中，以上火150℃、下火140℃烤约15分钟。

夹馅

10 饼干待凉后，取2片饼干夹入个人喜爱的馅料即可。

成品

抹茶蛋白糖霜饼

室温密封保存
/15天

抹茶蛋白糖霜饼

分量：60个／7瓣菊花嘴直径1.5厘米

【材料】

蛋白1个、细砂糖30克、糖粉30克、抹茶粉8克

【做法】

前准备	1	烤盘铺上防粘布，备用。

粉类过筛	2	糖粉和抹茶粉一起过筛。

蛋白打发	3	蛋白用电动打蛋器搅打至呈细致的泡沫状。

4　先加入1/3分量的细砂糖继续搅打均匀，再分2次加入糖，搅打至硬性发泡，即为蛋白霜。

＊分次加入少量的糖较容易混拌均匀，也不易使蛋白消泡；加入糖的时机分别为，蛋白颜色变白时加第1次糖，泡沫变细时加第2次糖，稍有纹路时加第3次糖。

＊硬性发泡是指蛋白霜的纹路明显，把打蛋器拿起，蛋白霜呈现竖起不滴落的状态。

制作
饼干面糊

5 将过筛的糖粉与抹茶粉分次加入打好的蛋白霜中拌匀。

6 将面糊装入已放好菊花嘴的裱花袋中，在烤盘中挤出适量的小抹茶蛋白霜。

烤焙

7 放入烤箱中以100℃烘烤约120分钟。

＊用低温长时间烘烤将蛋白霜的水分烤干，烤好后用手压饼干感觉扎实即可。

＊烤好放凉要马上密封，以保证饼干的脆度。

成品

冷藏保存／7天

抹茶长崎蛋糕

3条 / 长方形烤模：24厘米×19厘米×7.5厘米

【材料】

全蛋5个、蛋黄1个、细砂糖150克、盐1克、麦芽糖30克
蜂蜜60克、中筋面粉160克、抹茶粉8克、牛奶60克

【做法】

前准备

1　烤模四周及底部铺上烘焙纸，再加
上纸箱、厚纸板隔热。

* 因蛋糕中加入蜂蜜容易烤焦，所以用
两层厚纸隔热。

2　麦芽糖、蜂蜜隔水加热融化。

粉类过筛

3　将中筋面粉与抹茶粉一起过筛。

**制作
蛋糕面糊**

4　全蛋、蛋黄、细砂糖、盐放入容器
中，边搅拌边隔水加热至40℃后
离火。

* 全蛋加温至40℃，是因为蛋黄含有油
脂，不易打发至浓稠状，隔水加热可
加速蛋液的打发。

5　将蛋液用电动打蛋器高速打至浓稠
状后转低速。

6 将融化的麦芽糖和蜂蜜分次慢慢倒
入做法5的面糊中，再转中速打至
蛋液蓬松发白。

＊蛋液打到浓稠发白，举起搅拌器时滴
落下来的蛋糊缓慢，且可留下清楚的
痕迹即可。

＊若没将全蛋打发，与粉类搅拌很容易
消泡，就烤不出蓬松的蜂蜜蛋糕。过
程中若停下来，要再打发以免消泡。

7 将过筛的粉类分次加入做法6的面
糊中拌匀。

8 取些许做法7的面糊加入牛奶中拌
匀，再倒回盆中轻轻拌匀。

＊取少许面糊和牛奶拌匀，是因为面糊
直接加入牛奶会沉到底部，不易拌匀。

9 将蛋糕面糊倒入烤模中，用竹扦不规则地划过面糊，再重敲一下震出气泡。

＊先用竹扦不规则地划过面糊，是为了消除面糊中的大气泡，使烤出来的蛋糕组织细腻。

烤焙

10 放入烤箱中，以170℃烘烤约50分钟。

11 蛋糕出炉倒扣在铺好烘焙纸的凉架上，撕开底纸，将蛋糕翻回正面。

12 待放凉后先切3等份，再切片。

成品

冷藏保存／5天

抹茶莱明顿蛋糕

分量：36个 / 正方形烤模：20厘米×20厘米×5厘米

【材料】

A 蛋糕面糊：全蛋2个、蛋黄1个、细砂糖50克
盐0.5克、黄油20克、牛奶10克、低筋面粉70克

B 抹茶酱：动物性鲜奶油120克、水60克、抹茶粉6克、白巧克力片240克

C 装饰：椰子粉适量

【做法】

前准备

1 烤模铺上烘焙纸，备用。

2 将黄油隔水加热融化成液态，放凉备用。

粉类过筛

3 低筋面粉先过筛。

**制作
蛋糕面糊**

4 全蛋、蛋黄、细砂糖、盐放入容器中，边搅拌边隔水加热至40℃后离火。

5 将蛋液用电动打蛋器高速打至蓬松发白。

＊蛋液打到浓稠发白，即举起搅拌器蛋糕缓慢地滴落下来，且可留下清楚的痕迹，不会立即摊平。

6　将过筛的低筋面粉分2～3次加入做法5中拌匀，即为蛋糕面糊。

7　将牛奶加入做法2的黄油液中拌匀。

8　取些许做法6的面糊和做法7拌匀，再倒回盆中轻轻拌匀。

9　将面糊倒入烤模中抹平，轻轻地将烤模摔两下，排出内部空气。

烤焙

10　放入烤箱中，以170℃烤约30分钟，蛋糕出炉后倒扣在凉架上，待凉用抹刀沿着蛋糕四边划开。

11　倒扣取出，撕掉底纸，再将蛋糕翻回正面，拍掉表面的蛋糕皮。

＊拍掉表面的蛋糕皮，可使蛋糕蘸裹酱时表面更平滑。

12 待凉后，切成3厘米×3厘米的块状。

　※可依个人喜好切大块或小块，若切较大的块，抹茶酱的分量可减半。

制作抹茶酱

13 动物性鲜奶油加水煮滚。

14 加入抹茶粉拌匀，再放入白巧克片，拌至巧克力融化即可。

　※巧克力片可用加热后的余温拌融，若温度不够，可用隔水加热的方式拌融。

裹酱

15 将切好的蛋糕四周蘸上一层抹茶酱，再蘸上椰子粉即可。

成品

抹茶费南雪

1

2

3

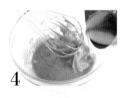

4

5

6

分量／24个
室温保存／3天
冷藏保存／5天
(回温后即可食用)

硅胶模具：5厘米×2.5厘米×1厘米

【材料】

低筋面粉20克
杏仁粉25克
糖粉50克
抹茶粉3克
黄油50克
蛋白50克

【做法】

粉类过筛

1 将所有粉类一起过筛入盆中。

制作蛋糕面糊

2 黄油放入小锅中，以小火煮至冒泡且底部出现咖啡色沉淀物，马上关火隔水降温。

　＊煮黄油的过程中要适时搅拌，煮好隔水降温，降温至黄油颜色不会变深即可。

3 加入蛋白拌匀。

4 做法2的黄油慢慢分次加入拌匀。

5 将面糊装入裱花袋中，挤入模具中约八分满。

烘烤

6 放入烤箱中，以180℃先烤约15分钟，烤盘调头，再继续烤约5分钟，至四周呈金黄色即可。

抹茶迷你年轮蛋糕

分量／12个
冷藏保存／3天

【材料】

黄油70克
细砂糖70克
全蛋液150克
低筋面粉70克
泡打粉7克
抹茶粉3克
牛奶90克

【做法】

制作面糊

1 黄油加细砂糖打发，将蛋液分次加入拌匀。

2 将低筋面粉、泡打粉、抹茶粉一起过筛加入拌匀。

3 再倒入牛奶拌匀成抹茶面糊。

煎面糊

4 平底锅烧热后，倒入适量面糊，快速转动平底锅让面糊摊平，以小火煎至两面上色，取出。

＊平底锅可以抹上一层薄薄的油，更易煎出薄饼。

5 把薄饼铺放在保鲜膜上，用竹筷子从一端慢慢卷起包住固定，切成小块状即可。

1

2

3

4

5

常温保存／3天
冷藏保存／5天

抹茶玛德琳

分量：10个 ／ 贝壳模具：7厘米×7厘米

【 材料 】

中筋面粉100克、黄油100克、全蛋110克、蜂蜜20克
细砂糖80克、泡打粉3克、抹茶粉3克、盐1克、热水15克

【 做法 】

前准备

1　将玛德琳烤模涂抹少许油（分量外）后，撒入少许中筋面粉（分量外）。

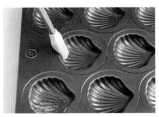

2　把多余的粉倒除，备用。

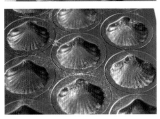

3　将黄油隔水加热，融化成液态，放凉备用。

4　抹茶粉加热水拌匀成抹茶糊备用。

制作面糊

5　全蛋、蜂蜜和细砂糖、盐一起放入钢盆中拌匀。

6　继续加入抹茶糊拌匀。

7　再将中筋面粉和泡打粉一起过筛加入，拌匀。

8　液态黄油分次加入，拌匀成抹茶面糊，放进冰箱冷藏30分钟。

　＊盆口包覆保鲜膜才不会吸到冰箱中的气味。

　＊面糊冷藏能更充分地融合材料，如能放隔夜则更好。

烤焙

9　面糊装入裱花袋中（用平口花嘴），将面糊挤入烤模中约八分满。

10　放入烤箱，以200℃烤约12分钟后出炉脱模，放在架子上放凉即可。

成品

千层酥皮派

冷藏保存／3天

千层酥皮派

分量：2份

【材料】

起酥皮3片、糖粉少许

【馅料】

抹茶黄油酱（见P32）适量、红豆泥适量、原味奶油布丁馅（见P71）适量

【做法】

烘烤酥皮

1 烤盘铺上防粘布，将起酥皮切成2等份放入烤盘中。

2 用叉子在酥皮上面戳一些小洞。

＊用叉子戳出小洞，是为了让派皮在烘烤时能均匀受热。

3 放入烤箱中，以200℃烤约5分钟后取出，覆盖上防粘布，再取一烤盘压放在上面。

＊重压烤盘于酥皮上，是为了防止酥皮中间部分因受热而膨胀。

4 再放入烤箱中继续烤10分钟至表面酥硬，取出放凉。

填入馅料

5 将3种馅料装入三明治袋（或裱花袋）中，取1片烤好的酥皮，再分别挤一些在酥皮上。

6 覆盖上第2片酥皮。

＊覆盖酥皮时，动作务必轻柔，免得酥皮因施力不当而碎掉或散开了。

7 再次挤出适量的3种馅料。

8 覆盖上第3片酥皮。

9 取1张纸斜放后，筛撒上糖粉装饰即可。

成品

冷藏保存／5天

原味可丽饼

延伸
点心

制作面糊时不要加入抹茶粉，就能享用到原味的
可丽饼。简单地将薄饼皮摊开，挤上打发的鲜奶
油，再铺放上水果丁馅料，对折，完成。

抹茶千层可丽饼

分量：约10片

【材料】

全蛋100克、细砂糖20克、牛奶100克、食用油45克
低筋面粉50克、抹茶粉2克、热水10克、打发的鲜奶油适量

【做法】

制作面糊

1　全蛋加入细砂糖拌匀。

2　继续倒入牛奶、食用油拌匀，再将低筋面粉过筛加入拌匀。

3　抹茶粉加热水拌匀后，加入做法2中拌匀，成抹茶面糊。

煎制

4　平底锅烧热后，倒入适量面糊，快速转动平底锅让面糊摊平，以小火煎至两面上色，取出待凉。

＊平底锅可使用厨房纸巾抹上一层薄油以防面糊粘锅。

5　将打发的鲜奶油涂抹在薄饼上，再覆盖上薄饼，重复前述动作直到薄饼用完，冰过后再切半即可。

＊取150克动物性鲜奶油加入30克细砂糖，用电动打蛋器打发（呈不流动的状态），即为打发鲜奶油。

抹茶松饼

分量／4片
常温保存／尽早食用

【材料】

全蛋150克
细砂糖90克
蜂蜜50克
低筋面粉150克
高筋面粉60克
泡打粉4克
抹茶粉3克
牛奶120克

【搭配材料】

冰激凌2小球
抹茶冻（见P21）适量
蜜红豆少许
芒果丁适量

【做法】

制作面糊

1 全蛋加细砂糖拌匀，加入蜂蜜拌匀。

2 将低筋面粉、高筋面粉、泡打粉、抹茶粉一起过筛加入拌匀。

3 倒入牛奶混拌均匀成抹茶松饼面糊，静置饧发约15分钟。

烘烤

4 取适量面糊倒入预热好的松饼机中。

※松饼机使用前需先预热，还要先刷上一层薄薄的黄油，再放入面糊，成品较易翻面而不会粘在机器上。

5 烘烤至两面呈金黄色后取出，搭配冰激凌、抹茶冻、蜜红豆、芒果丁即可。

抹茶舒芙蕾

趁热食用

抹茶舒芙蕾

分量：4个／烤模：直径7.5厘米，高4厘米

【材料】

黄油15克、中筋面粉10克、牛奶120克
细砂糖40克、全蛋100克、抹茶粉2克、糖粉少许

【做法】

| 前准备 | 1 | 烤模刷上一层黄油（分量外），放入细砂糖（分量外）蘸裹均匀，再将多余的糖倒除，备用。 |

＊在烤模内刷上黄油并蘸裹上细砂糖，是为了使杯内接触面粗糙，好让舒芙蕾在烘烤过程中可以顺利地往上膨起来。

制作面糊　2　黄油隔水加热融化成液态，将中筋面粉过筛加入拌匀。

3　牛奶煮热后继续加入做法2中拌匀。

4　再以中火煮至浓稠状。

5　将全蛋分成蛋黄和蛋白，取蛋黄加入做法4中拌匀。

6　再将抹茶粉过筛加入拌匀成抹茶面糊，备用。

7　蛋白打发至起泡，分次加入细砂糖打发至硬性发泡，即为蛋白霜。

8　将蛋白霜分次加入做法6的抹茶面糊中混拌均匀。

烤焙

9　将面糊倒入烤模中至满，放入烤箱中，以200℃烤约15分钟。

10　出炉后于表面筛上糖粉，趁热食用即可。

成品

冷藏保存／5天
冷冻保存／15天

抹茶冷藏乳酪蛋糕

分量：4杯／透明杯：7.5厘米×7厘米×5厘米

【材料】

奥利奥巧克力饼干60克、奶油奶酪220克、动物性鲜奶油80克
细砂糖60克、黄油20克、牛奶30克
抹茶粉2克、吉利丁片8克

【做法】

前准备

1　奥利奥饼干去掉夹馅，放入塑料袋中用擀面杖碾碎，取出放入盆中。

2　黄油隔水加热融化成液态，倒入饼干碎中拌匀。

3　取做法2的材料铺在容器底部稍微压紧（每杯15克），放入冰箱冷藏，备用。

4　吉利丁片剪小块用冰水（分量外）泡软，备用。

制作
乳酪蛋糕糊

5　奶油奶酪以隔水加热的方式，用打蛋器打至软化呈乳霜状。

6　加入细砂糖打至无颗粒状。

7　将动物性鲜奶油分次加入拌匀。

8　牛奶与抹茶粉拌匀后，加入做法7中混拌均匀。

9　把泡软的吉利丁片沥干水分，隔水加热融化后倒入做法8中拌匀。

冷藏

10　再倒入做法3的容器中，放入冰箱中冷藏即可。

成品

抹茶盆栽蛋糕

冷藏保存／5天

抹茶盆栽蛋糕

分量：6个 ／ 模具：7厘米×3.5厘米×4.5厘米

【材料】

巧克力120克、抹茶蛋糕片（见P165）12片、动物性鲜奶油150克
细砂糖30克、抹茶粉3克、热水15克、彩糖少许

【做法】

**制作
巧克力杯**

1 巧克力隔水加热融化，趁热倒入硅胶模具内，滚绕一圈，再放入冰箱冷冻变硬。

> ＊要让杯子内部充分地蘸裹上巧克力液（约20克），多绕几次巧克力会较厚。
> ＊硅胶模具材质较软，巧克力易脱模。

**制作抹茶
鲜奶油霜**

2 鲜奶油加入细砂糖打发。

3 再将抹茶粉和热水拌匀后，加入做法2中拌匀，即为抹茶鲜奶油霜，备用。

组合装饰

4 取出做法1的巧克力杯脱膜。

5 放入1片抹茶蛋糕。

> ＊抹茶蛋糕片其做法同P165"抹茶蜂蜜杯子蛋糕"，只要把蛋糕横切3片，同巧克力杯模大小一致即可。

6　先取2/3分量抹茶的鲜奶油霜放入
　　裱花袋中（使用平口花嘴）。

7　再挤入做法5中至八分满。

8　再放入第2片抹茶蛋糕。

9　取剩下的抹茶鲜奶油霜放入裱花袋
　　中（使用星星挤花嘴），在蛋糕表
　　面挤花。

10　最后撒上彩糖装饰即可。

成品

冷藏保存／3天
冷冻保存／7天

抹茶轻乳酪蛋糕

分量：6英寸（直径约15厘米）1个

【材料】

奶油奶酪120克、牛奶60克、黄油30克、全蛋150克、细砂糖80克
低筋面粉25克、玉米粉25克、抹茶粉3克、热水15克

【做法】

前准备	1	烤模刷抹上薄薄的黄油（分量外）。	
	2	将围边的烘焙纸折起约1.5厘米，剪数刀铺入烤模中（先围边再铺底），备用。	
制作乳酪蛋糕糊	3	奶油奶酪加入牛奶拌匀。	
	4	将全蛋分成蛋黄和蛋白，取蛋黄加入做法3中拌匀。	
	5	再继续放入黄油拌匀。 ＊黄油若刚从冰箱取出会很硬，可先放置室温使其软化后再使用。	

6 再将低筋面粉、玉米粉一起过筛加入拌匀，备用。

7 蛋白打发至起泡，再分次加入细砂糖打发至湿性偏干性发泡，即为蛋白霜。

8 取蛋白霜分次加入做法6中拌匀成原味面糊，再将面糊分成2份。

9 抹茶粉加热水拌匀，加入其中1份原味面糊中拌匀成抹茶面糊。

10 将抹茶面糊倒入烤模中（预留少许抹茶面糊以便后续装饰使用）。

11 再倒入剩余的原味面糊。

装饰表面

12 向预留下来的抹茶面糊中加入少许抹茶粉（分量外）拌匀，装入三明治袋，袋角剪个小孔，在面糊表面上点画数个小圆点。

13 用竹扦于圆点上以顺时针方向绕一圈，外圈再以同样的手法绕一次。

烤焙

14 轻敲烤模排出空气后，放入烤盘中，倒入温水至1/2处，以160℃烤约50分钟，取出待冷却。

* 烤盘中倒入温水为水浴法，用蒸汽闷熟的蛋糕湿润又绵密，不会太干。

* 可用竹扦或叉子插入蛋糕体中间，只要不粘面糊，即代表蛋糕烤熟了。

15 蛋糕冷却后放入冰箱冷藏至硬，食用前再脱模切块即可。

* 乳酪蛋糕要漂亮地切片，需先热刀，刀子先泡热水再用纸巾擦干，每切一刀都重复此动作，才能切得漂亮。

成品

圆形烤模围边的技巧

做法

1 取烘焙纸依烤模底部的大小，剪成圆形（可先试铺，测试是否符合模具尺寸）。

2 再取烘焙纸剪成长条状，宽度要和模具的高度相同，并多预留1.5厘米，再折起。

3 在折起的1.5厘米的宽度处，每间隔一段距离剪下数刀，再沿着圆形烤模边缘铺放。

4 最后放入做法1的圆形烘焙纸铺底即可。

冷藏保存／3天
冷冻保存／7天

抹茶重乳酪挞皮蛋糕

分量：1个 / 活动派盘：20厘米×3厘米

【材料】

A 消化饼干120克、黄油60克

B 奶油奶酪200克、糖粉40克、蛋黄2个
  蛋白1个、抹茶粉5克、热水20克

C 蛋白1个、细砂糖40克、柠檬汁5克

D 可可粉少许

【做法】

制作饼皮

1 消化饼干放入塑料袋中用擀面杖碾碎，取出放入盆中。

2 黄油隔水加热融化成液态，倒入饼干碎中拌匀。

3 倒入活动派盘中，用汤匙将饼干碎压至紧实。

4 放入烤箱中以150℃烤约10分钟后，取出放凉，即为饼皮，备用。

**制作
乳酪蛋糕糊**

5　奶油奶酪隔水加热打至呈乳霜状。

6　将糖粉过筛，加入拌匀。

7　先取蛋黄分次加入拌匀后，再取蛋白分次加入拌匀。

8　抹茶粉加热水拌匀，加入做法7中拌匀成抹茶乳酪面糊，备用。

9　取材料C的蛋白加柠檬汁，用电动打蛋器搅打至起细泡。

※ 在此先将蛋白打匀，后续放入细砂糖时才会更好地吸收融合。

10　分次倒入细砂糖，打至湿性发泡。

11　分次加入抹茶奶酪面糊中拌匀。

12 将面糊倒入烤好的饼皮中，并留下少许面糊，加入可可粉调匀成可可面糊。

装饰表面

13 将可可面糊装入三明治袋中，袋角剪个小孔，从中心点以顺时针方向画出螺旋线条。

14 用竹扦由内往外拉出线条，画出装饰图案。

烤焙

15 在派盘下方垫一个固定派盘后，轻敲派盘排出空气，再放入烤盘中，倒入温水至1/2满。

＊因为是使用活动式的派盘，所以需要在下方垫一个固定派盘，以防止倒入的水流入蛋糕内。

16 放入烤箱中，以150℃烤约50分钟取出，放凉冷冻后再切片食用。

成品

冷藏保存／5天

水晶抹茶冻蛋糕

分量：1份 ／ 正方形烤模：14.5厘米×14.5厘米×6厘米
塑料模具：12.5厘米×11.5厘米×9厘米

【材料】

A 可可蛋糕：全蛋100克、细砂糖60克、食用油30克
牛奶30克、低筋面粉50克、可可粉15克

B 黑糖红豆羊羹：水180克、琼脂4克
黑糖100克、红豆泥120克、水麦芽30克

C 抹茶冻：水200克、细砂糖20克、吉利粉5克、抹茶粉1克、热水5克

【做法】

前准备

1 正方形烤模四周及底部铺入烘焙纸；将材料A中的细砂糖分量分别称取出20克和40克，备用。

**制作
蛋糕面糊**

2 将全蛋分成蛋黄和蛋白，取蛋黄加入20克细砂糖打至砂糖化开。

3 分次加入食用油拌匀。

4 加入牛奶拌匀。

5 将低筋面粉和可可粉一起过筛加入拌匀，备用。

6 取蛋白打发至起泡，再分次加入细砂糖（共40克）打发至硬性发泡，即为蛋白霜。

7 取1/3分量的蛋白霜放入做法5的面糊中稍微拌匀。

8 再把剩余的蛋白霜加入轻轻拌匀，即成蛋糕面糊。

烤焙

9 把面糊倒入正方形烤模中抹平，轻敲烤模数下排出空气。

10 放入烤箱中，以180℃烤约20分钟后取出。

11 撕开四边的烘焙纸散热，待蛋糕凉透即可。

组合

12 取烘焙纸，依塑料模具的大小剪成同尺寸后放入。

13 再将蛋糕裁成与模具同大小后放入，备用。

14 取材料B的水、琼脂、黑糖拌匀，以小火煮滚，熄火后，再加入水麦芽拌匀。

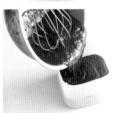

15 继续加入红豆泥拌匀，倒入做法13的蛋糕中，待凉。

* 黑糖红豆羊羹放至微凉即可倒在巧克力蛋糕上。

16 再取材料C依P21抹茶冻的做法完成后倒入。

17 放入冰箱冷藏冰凉后，取出脱模，切片食用即可。

成品

室温保存／3天
冷藏保存／7天

抹茶大理石蛋糕

分量：长条形1条 ／ 模具：19厘米×10.5厘米×7.5厘米

【材料】

黄油100克、全蛋100克、低筋面粉150克、盐1克、泡打粉2克
细砂糖90克、牛奶20克、抹茶粉3克、热水15克、蜜栗子50克

【做法】

前准备

1 模具抹油撒粉后，把多余的粉倒除，备用。

**制作
蛋糕面糊**

2 黄油放入容器中，加入过筛的低筋面粉、泡打粉后，用电动打蛋器拌匀。

＊粉类过筛后先加入黄油拌匀是因为黄油可以被粉类裹住，后续加入蛋液后不易出现水油分离。因为有了粉类材料，会较干，不好拌匀，因此使用电动打蛋会较省力，且易拌匀。

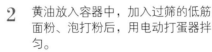

3 再加入细砂糖和盐拌匀。

4 蛋打散成蛋液后，分次加入做法3中拌匀。

5 再将牛奶分次加入拌匀，即为黄油面糊。

6 抹茶粉加热水拌匀成抹茶糊，再取50克黄油面糊和抹茶糊拌匀，即为抹茶面糊。

7 将黄油面糊和抹茶面糊混合略微搅拌，使之成为大理石纹路。

8 先倒入1/3分量的面糊至模具中，再铺上蜜栗子。

9 最后再倒入剩余面糊。

烤焙 **10** 放入烤箱中，以180℃烤约50分钟，取出即可。

成品

抹茶白巧克力法式蛋糕

室温保存／3天
冷藏保存／7天

抹茶白巧克力法式蛋糕

分量：1平盘 ／ 平烤盘：34.5厘米×24.5厘米×3厘米

【 材料 】

白巧克力150克、黄油150克、全蛋250克、细砂糖150克
低筋面粉200克、抹茶粉6克、杏仁片60克

【 做法 】

前准备

1 烤盘铺上烘焙纸，备用。

**制作
蛋糕面糊**

2 取白巧克力隔水加热融化，将黄油
分次加入拌匀，即为黄油巧克力
液，备用。

＊巧克力融点低，需要隔水加热融化才
不会烧焦，水温勿超过50℃且以中小
火慢慢拌融即可。

3 全蛋加细砂糖边搅拌边隔水加热至
40℃后离火，再打至浓稠发白。

＊全蛋加温至40℃是因为蛋黄含有油
脂不易打发至浓稠状，再以隔水加热
的方式，边搅拌边加热让材料受热均
匀，可加速蛋液的起泡打发。

＊蛋液打到浓稠发白，即举起搅拌器时
蛋糊滴落下来很缓慢，且可留下清晰
的痕迹，不会立即摊平。

4 将低筋面粉和抹茶粉一起过筛。

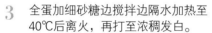

5　再加入做法3中搅拌均匀，即为抹茶面糊。

6　将黄油巧克力液分次加入抹茶面糊中拌匀。

7　再将面糊倒入烤盘中，抹平。

8　在面糊表面撒上杏仁片。

烤焙

9　放入烤箱中以180℃烤约20分钟，取出待凉后，切菱形块。

成品

冷藏保存／5天

抹茶酥菠萝蛋糕

分量：1份 ／ 四方形烤模：14.5厘米×14.5厘米

【材料】

A 黄油75克、糖粉50克、全蛋50克、低筋面粉90克
泡打粉1克、抹茶粉3克、香蕉（切片）100克
B 酥菠萝：黄油40克、糖粉20克、高筋面粉30克、低筋面粉30克

【做法】

前准备	1	烤模铺入烘焙纸，备用。	
制作酥菠萝	2	取酥菠萝材料的黄油放入容器中，再将糖粉、高筋面粉、低筋面粉过筛加入。	
	3	用刮刀略微拌匀呈粉颗粒状，放入冰箱冷冻，冻硬后取出。	
	4	用手略微剥成小颗粒状，即为酥菠萝，备用。	

*夏天时把酥菠萝放入冰箱冷冻至硬保存，要使用时再取出，否则黄油太软易结成团。

制作面糊

5 黄油放入容器中，再将糖粉过筛加入打发至浅黄白色。

6 蛋打散成蛋液，分次加入做法5中拌匀。

7 低筋面粉、泡打粉、抹茶粉一起过筛加入拌匀。

8 再将香蕉切片加入面糊中略微拌匀，倒入烤模中整形平整。

烤焙

9 表面撒上酥菠萝，放入烤箱中以180℃烤约35分钟。

＊判断蛋糕烤熟与否，可用竹扦或叉子插入蛋糕体中间处，若不粘面糊即为烤熟。

10 将蛋糕连同烘焙纸一起从烤模中取出放凉，再撕掉四边的烘焙纸，切成长条状即可。

成品

红豆抹茶司康

室温保存／2天
冷冻保存／10天

红豆抹茶司康

分量：24片

【材料】

中筋面粉250克、泡打粉10克、黄油（冰硬）70克、细砂糖50克
抹茶粉5克、牛奶150克、蜜红豆50克、手粉少许

【做法】

制作面团

1　中筋面粉、泡打粉、抹茶粉一起过筛至钢盆内。

2　放入冰硬的黄油切成小丁（边切边摇晃钢盆，让黄油丁裹上粉类）。

　＊黄油一定要先冰硬，才能切成像花生米一样大小的小丁。

　＊冰黄油丁裹上粉类再擀压，司康的口感会更有层次、更膨松。

3　继续放入细砂糖拌匀。

4　将牛奶倒入后用筷子稍微拌匀。

　＊千万不要用手拌匀材料，否则黄油丁会因手温而融化。

5　再加入蜜红豆拌匀。

切割整形

6　防粘布撒上少许手粉，将做法5的材料倒在防粘布上。

7　防粘布对折后再略微擀压。
　※ 擀压面皮时若感觉到黏，可再撒上少许手粉。

8　再擀压成20厘米×18厘米的长方形面皮。

9　在面皮上撒少许手粉，先切成4等份的长条状，每条再切成6等份的三角形。

烤焙

10　放入烤箱中，以200℃烤约20分钟取出即可。

成品

小诀窍

司康若从冷冻室取出时，须先放置于室温中解冻约10分钟，再于表面喷撒少许水后，放入烤箱烘烤约5分钟即可。

小诀窍

发泡奶油酱：取50克糖粉过筛后，再加
入100克奶油，搅打至蓬松状即可。

抹茶斜纹瑞士卷

分量：1平盘　／　平烤盘：34.5厘米×24.5厘米×3厘米

【材料】

A 蛋黄3个、细砂糖20克、食用油30克
　 牛奶30克、低筋面粉50克
B 蛋白3个、细砂糖50克、抹茶粉3克、热水20克
C 发泡奶油酱适量

【做法】

前准备	**1**	抹茶粉加热水混拌均匀成抹茶糊，备用。	
	2	烤盘铺上烘焙纸，备用。	
制作 蛋黄面糊	**3**	取材料A的蛋黄加入20克细砂糖，用打蛋器搅打至砂糖化开。	
	4	分次加入食用油拌匀后，继续分次加入牛奶拌匀。	

5 再将低筋面粉过筛加入拌匀，即为蛋黄面糊，备用。

6 取蛋白，用电动打蛋器搅打至大泡沫状。

7 将50克细砂糖分次加入，继续搅打至干性发泡，即为蛋白霜。

制作
原味和抹茶
蛋糕面糊

8 取1/3分量的蛋白霜放入蛋黄面糊中稍微拌匀。

9 把剩余蛋白霜加入轻轻拌匀，即为原味蛋糕面糊。

10 将原味蛋糕面糊分成2份，取1份加入抹茶糊，拌成抹茶蛋糕面糊。

面糊装入
裱花袋

11 将两种蛋糕面糊分别放入裱花袋中（使用平口花嘴）。

12 先取原味蛋糕面糊，以间隔的方式斜挤在烤盘中。

13 再取抹茶蛋糕面糊交错斜挤后，轻敲几下烤盘，震出大气泡。

* 交错挤双色面糊的速度要快，否则面糊消泡会影响蛋糕的体积。

烤焙 **14** 放入烤箱中，以上火180℃、下火160℃烤约15分钟，蛋糕出炉后，撕开四边的纸散热。

卷成蛋糕卷 **15** 在上方铺上烘焙纸，立刻翻面倒扣，再掀开底纸，将蛋糕体移至凉架上放凉。

16 蛋糕体放凉后，先将其翻面，再涂抹上发泡奶油酱卷成蛋糕卷即可。

成品

冷藏保存／5天
冷冻保存／15天

抹茶天使蛋糕

分量：1平盘／平烤盘：34.5厘米×24.5厘米×3厘米

【材料】

低筋面粉70克、蛋白160克、细砂糖90克、盐1克
柠檬汁5克、抹茶鲜奶油霜（抹馅）约80克
圆柱形抹茶鲜奶油冻100克

【做法】

| 前准备 | 1 | 烤盘铺上烘焙纸，备用。 |

| 制作面糊 | 2 | 蛋白加入柠檬汁，用电动打蛋器搅打至呈细致泡沫状。 |

3　将细砂糖、盐分次加入搅打至湿性偏干性发泡。

4　继续将低筋面粉过筛加入拌匀成面糊，倒入烤盘中抹平。

烤焙	5	放入烤箱中，以上火180℃、下火160℃烤约15分钟。

卷成蛋糕卷	6	蛋糕出炉后，撕开四边的纸散热，在上方铺上烘焙纸。

7　立刻翻面倒扣，再掀开底纸，将蛋糕体移至凉架上放凉。

8　蛋糕体放凉后，先将其翻面，再涂上抹茶鲜奶油霜。

9　把冰硬的圆柱形抹茶鲜奶油冻放在底端。

10　再往前用力卷起成蛋糕卷。

冷冻定型 | **11** 将蛋糕卷两侧的纸卷紧，放入冰箱
冷冻至定型，食用时切片即可。

成品

抹茶鲜奶油霜

材料

动物性鲜奶油150克、细砂糖20克、吉利丁片3克、抹茶粉3克、热水10克

做法

1 抹茶粉加热水拌匀成抹茶糊，备用。

2 动物性鲜奶油、细砂糖一起放入钢盆里打发后，加入做法1的抹茶糊拌匀。

3 吉利丁片剪小块后用冰水泡软，再捞起沥干水分，隔水加热融化后加入做法2中，快速
搅拌均匀，即为抹茶鲜奶油霜。

　＊吉利丁遇热会融化，所以要泡在冰水里，否则会化在水中拿不出来。

圆柱形抹茶鲜奶油冻

做法

1 裁一张长25厘
米、宽10厘米的
保鲜膜铺放在工
作台上。

2 取80克的抹茶鲜
奶油霜装入裱花
袋中，在保鲜
膜上拉出长20厘
米、宽2厘米的鲜
奶油霜。

3 覆盖上保鲜膜，
用刮板推紧成圆
柱状。

4 再把两端卷紧
后，放入冷冻室
冻硬，即为圆柱形
抹茶鲜奶油冻。

备注：剩余的抹茶鲜奶油霜要
留做天使蛋糕卷的抹馅使用。

抹茶提拉米苏

分量：3杯／杯口直径12厘米、高7厘米

冷藏保存／3天
冷冻保存／7天

小诀窍

可可蛋糕，请见P119的水晶抹茶冻蛋糕中可可蛋糕的制作。

【材料】

可可蛋糕2片（厚约1厘米）、蛋黄2个、细砂糖60克
马斯卡彭奶酪250克、抹茶粉5克、热水25克

【装饰材料】

抹茶粉少许、可可粉少许

【做法】

制作奶酪糊

1　蛋黄、细砂糖放入容器中，以隔水加热的方式拌匀后离火。

＊蛋黄加细砂糖隔水加热时要不停的搅拌，水开即可熄火；蛋黄在75℃约5分钟可杀菌。

2　抹茶粉加热水拌匀后，加入做法1中拌匀。

3　放入马斯卡彭奶酪搅拌均匀，装入裱花袋中（使用平口花嘴），放入冰箱冻至稍硬。

4　将奶酪糊挤入杯中约1/3高度，再放入1片可可蛋糕。

5　继续将奶酪糊挤入杯中至七分满的高度，再放入第2片可可蛋糕。

冷冻至硬

6　挤入奶酪糊填满蛋糕片后，放入冷冻室冻硬，食用前稍解冻，表面筛撒抹茶粉或可可粉即可。

抹茶布朗尼蛋糕

分量：1平盘／平烤盘：34.5厘米×24.5厘米×3厘米

室温保存／3天
冷藏保存／7天

【材料】

黄油250克、全蛋250克、细砂糖150克、低筋面粉250克
抹茶粉6克、泡打粉2克、巧克力豆80克

【做法】

前准备

1　烤盘铺上烘焙纸，备用。

制作蛋糕

2　黄油加细砂糖打发至浅黄白色。

3　全蛋打散成蛋液，分次加入拌匀。

　＊黄油和蛋的分量相同，搅拌时易造成
　　水油分离，所以蛋要打散后分次加入
　　拌匀。

4　将低筋面粉、抹茶粉、泡打粉一起
　过筛加入拌匀。

5　巧克力豆加入拌匀后，倒入烤盘中
　抹平。

烤焙

6　放入烤箱中以180℃烤约25分钟，
　取出放凉后切成方块即可。

抹茶甜甜圈

分量：8个 ／ 硅胶甜甜圈模，直径6.5厘米

室温保存／2天

【 材料 】

黄油20克、细砂糖25克、全蛋30克、牛奶70克、低筋面粉130克
抹茶粉2克、泡打粉5克、黑白巧克力适量、装饰彩糖少许

【 做法 】

制作面糊

1　黄油加细砂糖打发至浅黄白色，再将全蛋打散成蛋液后，分次加入，混拌均匀。

2　继续将牛奶加入拌匀。

3　低筋面粉、抹茶粉、泡打粉一起过筛加入拌匀成面糊。

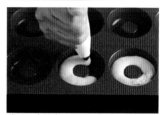

4　将面糊放入裱花袋中（使用平口花嘴），挤入甜甜圈模具中约至八分满。

烤焙

5　放入烤箱中以170℃烤约12分钟，取出待凉。

装饰

6　黑白巧克力隔水加热融化后，把放凉的甜甜圈蘸裹上巧克力液，再撒上彩糖装饰即可。

＊撒彩糖需趁巧克力未凝固撒上才不会掉落。

抹茶酥

分量：12个

【材料】

A 油皮：中筋面粉120克、黄油50克、牛奶60克、糖粉10克
B 油酥：低筋面粉100克、黄油50克、抹茶粉3克
C 馅料：抹茶馅300克、黑糖麻薯12个

【做法】

制作油皮

1 取油皮材料的中筋面粉、糖粉一起过筛，加入黄油、牛奶混合均匀。

2 揉成一个光滑的面团，包上保鲜膜，静置饧发30分钟，即为油皮，备用。

制作抹茶油酥

3 取油酥材料中的低筋面粉、抹茶粉过筛，加入黄油，拌匀，即为抹茶油酥。

油皮包油酥

4 分别将抹茶油酥和油皮平均分成6等份。

5 取1份油皮包入1份抹茶油酥。

6 收口捏紧后朝上放置，将剩余的材料依次完成。

7 稍微压扁后，由中间向两端擀成椭圆形薄片。

8 由上往下卷起，接口朝上。

9 旋转90度角，再擀1次。

10 由上往下卷起，覆盖上保鲜膜，静置饧发15分钟，即为油皮油酥，备用。

包馅

11　抹茶馅均分成每份25克。

12　分别滚圆，再包入黑糖麻薯，即为
　　内馅。

13　取做法10的油皮油酥，用刀子从
　　中间切成一半。

14　螺旋纹路朝上放置后，用掌心压
　　扁，再擀成圆形薄片。

15　切面朝外，放入馅料后收口捏紧，
　　搓圆。

烤焙

16　放入烤箱中，以上火200℃、下火
　　180℃烤约25分钟即可。

成品

小诀窍

黑糖麻薯因为易粘黏，可以
先蘸裹少许手粉再来操作会
较为顺手。

室温保存／7天

抹茶凤梨酥

分量：12个 ／ 爱心模具：5.5厘米×5.5厘米×1厘米

【材料】

中筋面粉110克、奶粉10克、抹茶粉2克
黄油75克、糖粉20克、盐1克、蛋黄15克
炼乳10克、凤梨馅180克

【做法】

| 前准备 | 1 | 凤梨馅均分成每份15克的馅料，备用。 |  |

| 制作酥皮 | 2 | 黄油、盐放入容器中，再放入糖粉，打发至浅黄色。 |  |

| | 3 | 加入蛋黄，拌匀后，再将炼乳加入，拌匀。 |  |

| | 4 | 将中筋面粉、奶粉、抹茶粉一起过筛加入拌匀，即为酥皮。 |  |

5 将酥皮均分成每份20克。

6 先搓成圆球状。

7 再用掌心压成扁平状。

8 取1份酥皮，包入1份凤梨馅。

9 整形成圆球状，收口朝下放入爱心模具中，压平。

烤焙

10 放入烤箱中，以160℃烤约15分钟后，取出翻面续烤10分钟即可。

＊ 爱心模具够多的话，可以连模一起烘烤，凤梨酥的形状会更漂亮。

成品

冷藏保存/3天

分量：1个／模具：直径15厘米，高7厘米

【 材料 】

全蛋50克
蛋黄40克
细砂糖35克
低筋面粉20克
抹茶粉2克

【 做法 】

前准备

1 烤模铺上烘焙纸，备用。

制作蛋糕面糊

2 全蛋加蛋黄及细砂糖混合均匀。

3 边搅拌边隔水加热至40℃后离火，继续将蛋液打到浓稠发白。

 ＊蛋液打到浓稠发白，即举起搅拌器时滴落下来的蛋糊缓慢，且可留下清晰的痕迹，不会立即摊平。

4 加入过筛后的低筋面粉、抹茶粉，拌匀成面糊。

烤焙

5 将面糊倒入烤模中，放入烤箱中以180℃烤约12分钟即可。

1

2

3

4

5

室温密封保存
╱5天

抹茶一口酥

分量：40个

【材料】

A 油皮：黄油50克、糖粉20克、牛奶20克
　　低筋面粉80克、高筋面粉10克、杏仁粉20克、抹茶粉5克
B 馅料：红豆沙200克
C 装饰：牛奶适量、黑芝麻适量

【做法】

前准备

1 取油皮材料的两种面粉、杏仁粉、抹茶粉一起过筛，拌匀。

2 将红豆沙分成每个100克，分别搓成长条状。

＊因红豆沙带油会黏手，最好一开始先处理好。

制作油皮

3 黄油放入容器中，将糖粉过筛加入，打至颜色稍微变白。

4 牛奶分2次加入做法3中拌匀。

5 将过筛的粉类加入做法4中，用橡皮刮刀压拌均匀。
＊油皮材料偏干，要用压拌法拌均匀。

包馅

6 桌面上撒少许面粉，将面团分割成每个100克的剂子，搓成与红豆沙等长的条状。

7 将面团压扁，分别包入一条红豆沙，收口捏合。

8 稍微搓揉面条使面皮厚度平均，长约40厘米。

分割烤焙

9 用刮板平均切成20等份，排入烤盘中。

10 在面皮表面均匀刷上牛奶，撒上少许黑芝麻，放入烤箱中，以180℃烤约20分钟即可。

成品

室温保存／5天

抹茶牛粒

分量：30个／平口花嘴直径1厘米

【 材料 】

A 全蛋1个、细砂糖45克、盐0.5克、低筋面粉50克、抹茶粉4克、糖粉适量
B 黄油酱：黄油100克、糖粉50克

【 做法 】

前准备

1　烤盘铺上防粘布，备用。

粉类过筛

2　低筋面粉和抹茶粉一起过筛。

制作面糊

3　全蛋、细砂糖、盐放入容器中，边搅拌边隔水加热至40℃后离火。

＊全蛋加温至40℃是因为蛋黄含有油脂，不易打发至浓稠状，隔水加热可加速蛋液打发。

4　将蛋液用电动打蛋器高速打至蓬松发白。

＊蛋液打到浓稠发白，举起搅拌器时滴落下来的蛋糊缓慢，且可留下清晰的痕迹即可。

5 将过筛的粉类分两次加入做法4的面糊中拌匀。

6 将做法5的面糊装入已放入平口花嘴的裱花袋，挤出直径3～4厘米的小圆形。

7 用筛网将糖粉筛在面糊表面。

烤焙

8 放入烤箱中以200℃烘烤约10分钟，取出放至冷却。

制作黄油酱

9 黄油在室温中放软，加入过筛的糖粉，先略拌匀，用电动打蛋器快速打发至松软变白，即为黄油酱。

夹馅

10 先取一片饼干，抹上适量黄油酱，再取一片饼干夹起即可。

分量／25个
室温保存／7天

抹茶牛轧饼

【材料】

苏打饼干50片
黄油45克
小棉花糖90克
奶粉40克
抹茶粉5克

【做法】

拌馅

1 将黄油隔水加热融化成液态，加入小棉花糖，拌至融化。

2 再加入奶粉、抹茶粉拌匀。

夹馅

3 趁热夹入饼干中即可。

抹茶红豆凉糕

分量／一盘
四方形模具：15厘米×
15厘米×4厘米
冷藏保存／2天

【 材料 】

A 莲藕粉85克
　日本淀粉30克
　抹茶粉5克
　冷水120克
B 细砂糖70克
　冷水280克
C 红豆馅200克
　日本淀粉适量

【 做法 】

制作粉浆糊

1 取材料A的粉类加入冷水拌匀。

2 取材料B的细砂糖和水，煮滚至糖溶化。

3 将糖水冲入做法1中，搅拌至呈糊状。

夹馅

4 趁热把一半粉浆糊倒入模具中，抹平，先铺上
　红豆馅，再倒入剩余的粉浆糊，抹平。

　＊趁热铺粉浆糊，因冷却凝固就不易推开。

5 放入上汽的蒸笼中，大火蒸约10分钟至透明。

6 倒扣取出，待凉，表面蘸裹上日本淀粉，切小
　块即可。

　＊日本淀粉是熟淀粉，原本可以直接食用，但因品牌太多
　　不易分辨生熟，建议放入锅中稍微炒熟再使用。

冷藏保存／3天

分量：12个／纸杯直径5厘米、高3厘米
12连烤盘：36.5厘米×26.5厘米（每个直径6厘米）

【材料】

低筋面粉90克、全蛋150克、细砂糖60克
黄油50克、牛奶30克、蜂蜜40克、抹茶粉3克

【做法】

制作蛋糕面糊

1　全蛋、细砂糖、蜂蜜放入容器中，边搅拌边隔水加热至40℃后离火，以电动打蛋器高速地打至蓬松发白。

2　低筋面粉、抹茶粉一起过筛，再分次加入做法1中拌匀，备用。

3　黄油隔水加热融化成液态，加入牛奶拌匀，再加入少许做法2的面糊拌匀。

　＊取少许面糊加入黄油液中拌匀，是因为面糊较轻，直接加入黄油液会沉入底部不易拌匀。

4　再倒回做法2中轻拌成面糊，将面糊倒入纸杯中约九分满。

烤焙

5　放入烤箱中，以180℃烤约15分钟取出即可。

红豆抹茶酥饼

室温保存／3天

分量：12个 ／ 圆形模具：直径6厘米，高1.5厘米

【材料】

黄油80克、糖粉30克、全蛋液30克、低筋面粉150克、奶粉20克
抹茶粉2克、抹茶馅240克、蜜红豆40克、黑芝麻适量

〔做法〕

制作外皮

1　黄油放入容器中，将糖粉过筛打发至浅黄色，分次加入蛋液拌匀。

2　将低筋面粉、奶粉、抹茶粉一起过筛加入拌匀成面团。

3　均分成每个25克的小面团，搓圆，即为外皮。

包馅

4　将抹茶馅均分成每个20克，再包入3克蜜红豆，搓圆，即为馅料。

5　取外皮略微压扁，再放入馅料，搓圆后放入圆形模具中，压平。

烤焙

6　表面撒上黑芝麻，放入烤箱中以180℃烤约20分钟即可。

室温保存／5天

日式抹茶红豆馒头

分量：12个

【材料】

全蛋液30克、蜂蜜10克、糖粉25克
盐1克、低筋面粉90克、小苏打2克
红豆泥180克、核桃30克、抹茶粉1克

【做法】

制作内馅

1 红豆泥均分成每个15克。

2 再包入2块核桃，搓圆，即为内馅。

　＊核桃需先以150℃烤约10分钟（烘焙时间会因核桃的大小及数量调整，通常烤出香味即可）。

制作面团

3 糖粉过筛，加入蜂蜜、盐，加入全蛋液拌匀。

制作面团	4	将低筋面粉、小苏打、抹茶粉一起过筛。	
	5	拌匀成面团，静置饧发20分钟。	
	6	将面团分成每个13克的小面团。	
	7	蘸少许手粉，将小面团捏成圆皮。	
包馅	8	再包入内馅后搓圆。	
	9	放入烤盘中，于中心处刷少许蛋液（分量外）。	
烤焙	10	再放入1块核桃，放入烤箱中以上火180℃、下火150℃烤约20分钟即可。	

杏仁坚果挞

分量：6个 ｜ 蛋挞模：直径上口8厘米、
　　　　　　　底口5厘米、高2.5厘米

小诀窍

杏仁角用150℃烤约10分钟至呈
金黄色，可根据实际情况调整。

冷藏保存／3天

【材料】

奶油奶酪40克、黄油50克、低筋面粉100克
抹茶布丁馅（见P71）300克、烤好的杏仁碎适量

【做法】

制作挞皮

1 　奶油奶酪隔水加热拌软，放入软化的黄油拌匀。

2 　将低筋面粉过筛加入，用刮刀边压边拌均匀，即为挞皮面团。

整型

3 　将面团分成每个30克的小面团，放入挞模中用姆指推压整形。

4 　在挞皮底部用牙签扎出数个小孔，静置15分钟。

＊挞皮底部扎小孔是为避免烤焙时膨胀变形；而挞皮整形后，最少要静置饧发15分钟，以避免烘烤时收缩变形。

烤焙填馅

5 　放入烤箱中以180℃烤约15分钟，取出待凉。

6 　抹茶布丁馅装入裱花袋中（使用菊花嘴），挤在放凉的挞皮中（布丁馅约50克），撒上烤好的杏仁碎。

冷藏保存/7天

抹茶达克瓦兹

分量：12片

【材料】

低筋面粉10克、糖粉60克、杏仁粉70克
抹茶粉2克、蛋白90克、细砂糖20克
糖粉适量、抹茶黄油酱（见P32）

【做法】

前准备

1 烤盘铺入防粘布后，放入达克瓦兹专用模具，备用。

2 低筋面粉、糖粉、杏仁粉、抹茶粉一起过筛，备用。

制作面糊

3 蛋白用电动打动器搅打至呈细腻的泡沫状，再分次加入细砂糖打至干性发泡，即蛋白霜。

4 分次将蛋白霜加入做法2的粉类中拌匀成面糊。

面糊入模

5　将面糊装入裱花袋中，事先将平口花嘴放入袋中。

6　挤入做法1达克瓦兹专用模具内。

7　用抹刀抹平面糊后，取下模具。

＊模具边缘先喷一点水，待面糊抹平后模具较易取下。

8　筛上糖粉，待糖粉被面糊吸收后，再筛一次糖粉。

烤焙夹馅

9　放入烤箱中以170℃烤约30分钟，取出放凉。

10　取2片饼干夹入法式抹茶奶油酱，撒上糖粉装饰即可。

成品

174

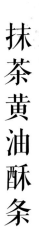

抹茶黄油酥条

分量／约12条
室温密封保存／10天

【材料】

抹茶吐司（或白土司）2片
黄油30克
抹茶粉1克
细砂糖适量

【做法】

前准备

1 抹茶吐司切成长条状，备用。

2 黄油放入容器中，再将抹茶粉过筛加入拌匀。

3 以隔水加热的方式融化成黄油抹茶液。

烤焙

4 涂刷黄油抹茶液于吐司条上，撒上细砂糖，以150℃烤约10分钟。

5 取出翻面，再涂刷上黄油抹茶液，撒上细砂糖，继续烤10分钟至金黄色，取出放凉即可。

图书在版编目（CIP）数据

抹茶君来了：至爱抹茶冰点、果子／李湘庭著. --

北京：中国纺织出版社，2019. 4

（尚锦烘焙系列）

ISBN 978 - 7 - 5180 - 5904 - 1

Ⅰ. ①抹… Ⅱ. ①李… Ⅲ. ①甜食—制作 Ⅳ.

①TS972. 134

中国版本图书馆 CIP 数据核字（2019）第 022341 号

原书名：浓韵抹茶菓子特选

原作者名：李湘庭

© 台湾邦联文化事业有限公司，2017

本书中文简体出版权由邦联文化事业有限公司授权，同意由中国纺织

出版社社出版中文简体字版本。非经书面同意，不得以任何形式任意重

制、转载。

著作权合同登记号：图字：01 - 2017 - 7140

责任编辑：舒文慧　　　责任校对：楼旭红

责任印制：王艳丽

中国纺织出版社出版发行

地址：北京市朝阳区百子湾东里 A407 号楼　邮政编码：100124

销售电话：010—67004422　传真：010—87155801

http：//www. c-textilep. com

E-mail：faxing@ c-textilep. com

中国纺织出版社天猫旗舰店

官方微博 http：//weibo. com/2119887771

北京利丰雅高长城印刷有限公司印刷　各地新华书店经销

2019 年 4 月第 1 版第 1 次印刷

开本：787×1092　1/16　印张：11

字数：116 千字　定价：88. 00 元